实用运筹学

秦必瑜　编著

知识产权出版社
全国百佳图书出版单位
北京

图书在版编目（CIP）数据

实用运筹学/秦必瑜编著. —北京：知识产权出版社，2022.6

ISBN 978 - 7 - 5130 - 8171 - 9

Ⅰ.①实... Ⅱ.①秦... Ⅲ.①运筹学-教材 Ⅳ.①O22

中国版本图书馆 CIP 数据核字（2022）第 082343 号

内容简介

本书介绍了线性规划与单纯形法、对偶问题与灵敏度分析、运输与指派问题、整数规划、目标规划、图论与网络计划技术等运筹学主要分支的基本理论、基本概念和计算方法。本书突出"实用"两字，意在减少数学推证与模型求解，将重点放在建立数学模型、结果分析与应用上，用较多的例题介绍运筹学在经济管理、工商管理等领域的应用。

本书可作为高等院校各专业运筹学课程的教材，也可作为经济管理人员和企业决策者的参考书。

责任编辑：张雪梅　　　　　　　　　　责任印制：孙婷婷

封面设计：曹　来

实用运筹学

SHIYONG YUNCHOU XUE

秦必瑜　编著

出版发行：知识产权出版社有限责任公司	网　　址：http://www.ipph.cn		
电　　话：010 - 82004826	http://www.laichushu.com		
社　　址：北京市海淀区气象路 50 号院	邮　　编：100081		
责编电话：010 - 82000860 转 8171	责编邮箱：laichushu@cnipr.com		
发行电话：010 - 82000860 转 8101	发行传真：010 - 82000893		
印　　刷：北京中献拓方科技发展有限公司	经　　销：新华书店、各大网上书店及相关专业书店		
开　　本：720mm×1000mm　1/16	印　　张：14		
版　　次：2022 年 6 月第 1 版	印　　次：2022 年 6 月第 1 次印刷		
字　　数：250 千字	定　　价：69.00 元		

ISBN 978 - 7 - 5130 - 8171 - 9

前　言

实用运筹学是架构在运筹学基础上的学科，它借助运筹学的理论方法，针对现实中的系统，特别是经济系统进行量化分析，并以量化数据为支撑，求得经济系统运行的最优方案，以此帮助系统运行的决策者作出科学的决策。运筹学是OR（operations research，运作研究或运用研究）的意译，主要研究解决经济活动或社会生活的最优化问题。"运筹"一词最早出自司马迁的《史记·高祖本纪》："夫运筹策帷帐之中，决胜于千里之外，吾不如子房。"意思是说，张良坐在军帐中运用计谋，就能决定千里之外战斗的胜利。

运筹学解决问题的方法是：根据所考察的问题建立数学模型，然后给出最优的解决方案。运筹学研究的内容十分广泛，主要分支有线性规划、非线性规划、整数规划、运输问题、动态规划、图与网络分析、网络计划技术、决策论、存储论、排队论等，在工商管理和经济管理中有非常广泛的应用。运筹学是信息管理与信息系统、物流管理、工商管理等专业必须学习的一门重要的专业基础课程。

本书尽量避免较深的数学论证，着重讨论基本概念、方法，以及这些概念、方法在工商管理和经济管理领域的应用。本书内容由浅入深，注重启发式学习；注重基本概念与基本方法的学习和训练，每章的例题尽可能与经济、管理问题的实际背景相联系，并附有大量的思考与练习题；注重理论与实践相结合，以实用为主，各章配有与本章内容相关的综合训练，可供课堂讨论或实践训练使用。

本书在编写过程中参考了国内外有关的教材及其他文献，在此特向相关文献的作者致谢。

本书的出版得到了北京印刷学院学科建设项目——工商管理一级学科学位点建设项目（项目编号：21090121003）的资助。在此，编者向所有给予本人支持和关怀的同事、专家和同行一并表示衷心的感谢！

由于编者水平有限，书中难免存在不足之处，恳请读者批评指正。

目　　录

第1章 绪 论

1.1 运筹学发展概述

1.1.1 运筹学发展简史

《史记》中记载有"夫运筹策帷帐之中，决胜于千里之外"，表达了中国古代的运筹学思想。古代中国有许多运筹学思想的应用案例，如围魏救赵、田忌赛马、赵括送粮、李冰修堰等，都蕴含着神奇的运筹学思想，这些案例至今仍有很高的参考和借鉴价值。

运筹学作为一门新兴学科是第二次世界大战期间在英国产生的，英美联军对抗德国的空袭，雷达作为防空系统的一部分，在技术上是可行的，但实际运用时却并不好用。为此，英美联军成立了 OR 小组，研究如何合理运用雷达。它与技术问题的研究不同，称为"运用研究"（operations research，简称 OR）。OR 小组主要研究综合协调问题，统筹规划先进的军事技术和装备，以期发挥最大的效益，包括研究护航舰队保护商船队的编队问题、当船队遭到德国潜艇攻击时如何使船队损失最小问题、反潜深水炸弹的合理爆炸深度（使德国潜艇被摧毁的比率增加到 400%）、船只在遭到敌机攻击时的逃避方法（大船急转向、小船缓转向，中弹比率由 47% 降到 29%）等。由于在第二次世界大战中的成功运用，运筹学在英国、美国受到高度重视，并被运用到战后的经济重建和发展中，多国先后成立了运筹学学会（表 1.1）。

表 1.1 部分国家运筹学学会成立的时间

国家	成立年份	国家	成立年份
英国	1948	中国	1980
美国	1952	印度	1957
法国	1956	日本	1957

二战后，运筹学主要在以下两方面得到了发展：其一是运筹学的方法论，形成了运筹学的许多分支；其二是由于计算机技术的迅猛发展和广泛应用，运用运筹学的方法论成功地解决了管理中的许多决策问题，运筹学成为广大管理者进行有效管理和最优决策的常用工具。

现代运筹学被引入中国是在 20 世纪 50 年代后期，中国第一个运筹学小组在钱学森、许国志先生的推动下于 1956 年在中国科学院力学研究所成立，并以"运用学"命名，1957 年正式定名为"运筹学"。《史记·高祖本纪》中有"夫运筹策帷帐之中，决胜于千里之外"，所以我国学者就把"operations research"翻译成"运筹学"，包含运用筹划、以策略取胜等意义，比较恰当地反映了这门学科的性质和内涵。后来，一大批中国学者在推广和应用运筹学方面做了大量工作，主要将运筹学应用在运输理论、经济分析（如投入产出分析）、质量控制（如质量管理）等方面。例如，1958 年中国科学院数学研究所的专家们用线性规划解决了某些物资的调运问题。在线性规划的运输问题上，还创造了我国独有的图上作业法。在此期间，以华罗庚教授为首的一大批数学家加入运筹学的研究队伍，使运筹学的很多分支的发展达到国际水平，在世界上产生了一定的影响。

经过多年的发展，运筹学已成为一个门类齐全、理论完善、有着重要应用前景的学科。现在，运筹学已是我国各高等院校，特别是各管理类专业的必修课程，运筹学的方法也在工业、农业、交通运输、物流管理、企业管理、教育、经济、社会治理等领域得到应用推广。

1.1.2　运筹学学科的发展

随着二战后工业逐渐恢复繁荣，组织内与日俱增的复杂性和专门化导致产生一些问题，人们认识到这些问题基本上与战争中面临的问题类似，只是现实环境不同而已，运筹学就这样被引入工商企业和其他部门，在 20 世纪 50 年代以后得到了广泛的应用。对于系统配置、聚散、竞争机理的深入研究和应用，形成了一套比较完备的理论，如规划论、对策论、排队论、存储论、决策论等。成熟的理论，加上电子计算机的问世及发展，大大促进了运筹学的发展。

1.1.3　中国运筹学会（ORSC）简介

中国运筹学会是由中国运筹学工作者组成的学术性团体，是依法成立的科技社团，是发展我国运筹学事业的一支重要的社会力量，是中国科学技术协会的组成部分。

1980 年 4 月中国数学会运筹学分会成立，这对运筹学在我国的发展无疑起到了很大的推动作用。1991 年，中国运筹学会成立。中国运筹学会积极组织广大运筹学工作者广泛开展国内外学术交流活动。通过多年来卓有成效的努力，中国运筹学界涌现出一批又一批学术新人，而运筹学本身在我国也经历了从幼稚走向成熟的质的变化。在注重自身发展的同时，中国运筹学会也积极开展同国际运筹学界的交流与合作，主办了多次大型国际学术会议，并通过国际学术交流活动确立了中国运筹学会在国际运筹学界的地位。

中国运筹学会官方网站显示，截至 2016 年 6 月，中国运筹学会有专业委员会 16 个，地方学会 13 个，个人会员 1800 多名，团体会员 30 个，集中了全国运筹学界一批优秀的科研人员（表 1.2、表 1.3）。中国运筹学会还主办了《运筹学学报》和《运筹与管理》两份杂志。2013 年，中国运筹学会创办了英文期刊 *Journal of the OR Society of China*（JORSC）。

表 1.2　中国运筹学会历次学术年会召开的时间与地点

召开时间	会议名称	召开地点
1980 年 4 月	第一次中国运筹学会全国代表大会暨学术年会	济南
1984 年 5 月	第二次中国运筹学会全国代表大会暨学术年会	上海
1988 年 9 月	第三次中国运筹学会全国代表大会暨学术年会	池州
1992 年 10 月	第四次中国运筹学会全国代表大会暨学术年会	成都
1996 年 10 月	第五次中国运筹学会全国代表大会暨学术年会	西安
2000 年 10 月	第六次中国运筹学会全国代表大会暨学术年会	长沙
2004 年 10 月	第七次中国运筹学会全国代表大会暨学术年会	青岛
2006 年 7 月	中国运筹学会 2006 年学术年会	深圳
2008 年 10 月	第八次中国运筹学会全国代表大会暨学术年会	南京
2010 年 10 月	学术年会（暨成立 30 周年纪念会）	北京
2012 年 10 月	第九次中国运筹学会全国代表大会暨学术年会	沈阳
2014 年 10 月	2014 年学术年会	徐州
2016 年 10 月	第十次全国会员代表大会暨学术交流年会	昆明
2018 年 10 月	2018 年学术年会	重庆
2020 年 10 月	第十一次会员代表大会暨 2020 年学术交流年会	合肥

表 1. 3　中国运筹学会各专业分会

成立年份	分会名称	成立年份	分会名称
1981	可靠性分会	2005	企业运筹学分会
1990	排序分会	2005	模糊信息与工程分会
1993	随机服务与运作管理分会	2006	金融工程与金融风险分会
1994	数学规划分会	2006	博弈论分会
1997	决策科学分会	2011	计算系统生物学分会
1998	智能计算分会	2015	行为运筹与管理分会
2003	图论组合分会	2015	智能工业数据解析与优化专业委员会
2003	不确定系统分会	2017	医疗管理分会

1.1.4　现代运筹学在我国的一些应用

（1）中国运筹学早期的应用是由华罗庚教授推动的

身为中国数学会理事长和中国科学院院士的华罗庚教授，在 20 世纪 60 年代亲自率领了一个小组，被称为"华罗庚小分队"，到农村、工厂讲解基本的优化技术和统筹方法（PERT），使这些技术、方法能够应用于日常的生产和生活中。自 1965 年起的 10 年中，他走了大约 20 个省和无数个城市推广统筹方法，受到各界人士的欢迎。华罗庚先生这一时期的推广工作播下了运筹学思想的种子，大大推动了运筹学在中国的普及和发展，许多中国老百姓还记得"优选法"这个词，却不一定知道"运筹学"。

（2）中国科学院陈锡康教授提出了系统综合因素方法，用于预测粮食产量

关键技术包括投入占用产出分析、考虑边际收益率递减的非线性预测方程，以及最小绝对和方法。自 1980 年开始，陈锡康教授带领团队在每年的 4 月底比较准确地预测全国全年的粮食产量，5 月初报送给主要领导及相关的职能部门。这个预测有三个突出的特点：①预测提前期在半年以上（其他预测方法提前期一般是 2 个月）；②平均预测误差为 1.6%（其他预测方法的平均预测误差为 5%～10%）；③预报粮食产量丰、平、欠方向正确。

（3）运筹学在金融管理与经济发展方面的应用

将优化及决策分析方法应用于金融风险控制与管理、资产评估与定价分析模型等。例如，陕西省运筹学会近年的一些运筹学应用如下：①证券投资方面，用于沪深股市股指波动的交互影响效应分析、深圳股市内幕交易（如资产重组）的实证分析。②经济（预测、评价、优化）方面，用于陕北果业发展决策的优化分析。将系统结构模型应用在陕北果业的开发中，建立陕北水果生产基地战略方针

多层次分析决策模型。将运筹学用于陕西省经济、资源、环境协调发展的相对有效性评价，陕西工业可持续发展的评价及对策分析等。

（4）工程方面的应用

① 基于多层次灰色决策模型的施工方案评价，应用灰色理论、方法，结合工程实例，建立了多层次灰色决策模型，对工程施工方案进行综合评价，得到满意的结果。②建设项目投资风险的仿真分析，结合营利性民用建筑项目的特点，建立经济模型及投资回收期仿真模型，并对仿真模型进行精度估计。

（5）社会保障与服务业的应用

① 运用排队理论对超市收费系统进行分析，建立在一定的顾客满意度条件下超市的运营费用模型，以运营成本最小为目标进行优化。②住院排队系统病床配置调整方法的分析研究。③应用排队理论建立门诊排队模型与住院排队模型，进行住院排队系统计算机仿真分析，针对扩建、新建医院建立线性规划决策模型。

（6）现代物流与供应链管理中的应用

① 供应链上库存协调的利益分享机制研究。应用库存理论及整合模型建立并分析竞争型与协商型库存协调的利益分享模型，对其效率和特征进行比较。②企业供应链模型和采购满意度评价研究，如"陕西省区域现代物流配送示范工程"项目可行性分析与初步设计。

（7）信息科学、生命科学中的运筹学研究

将全局最优化、图论、神经网络等运筹学理论及方法应用于分子生物信息学中的 DNA 与蛋白质序列比较、芯片测试、生物进化分析、蛋白质结构预测等问题的研究。2002 年中国科学院数学与系统科学研究院成立了生物信息学研究中心，主要成员是运筹学领域的学者和统计学家。

1.1.5 运筹学的性质及特点

《中国企业管理百科全书》对运筹学的定义为："运筹学是应用分析、试验、量化的方法，对经济管理系统中的人力、物力、财力等资源进行统筹安排，为决策者提供有依据的最优方案，以实现最有效的管理。"该定义表明运筹学是应用系统的、科学的、数学分析的方法，通过建立和求解数学模型，在资源有限的条件下计算和比较各个方案可能获得的经济效益，以协助管理人员作出最优的决策选择。或者说，运筹学是运用数学方法来研究人们在各种活动中处理事物的数量化规律，使有限的人、财、物等资源得到充分和合理的利用，以期获得尽可能满意的经济和社会效益的科学。

目前学界对运筹学还没有统一的定义。莫斯（P. M. Morse）和金博尔（G. E.

Kimball)将运筹学定义为：运筹学是为决策机构在对其控制的业务活动进行决策时提供的以数量化为基础的科学方法。韦斯特·丘奇曼（C. West Churchman）认为，运筹学是应用科学的方法、技术和工具，来处理一个系统运行中的问题，使系统控制得到最优的解决方法。我国业内普遍接受的运筹学的定义是《中国企业管理百科全书》中的定义。

就理论和应用意义归纳，运筹学具有以下特点。

（1）运筹学是一门定量化决策科学

它运用数学手段，以寻求解决问题的最优方案，正因如此，我国早期引进和从事这一领域的科学研究的先驱多为数学家。

（2）运筹学研究问题是从整体观念出发的

运筹学研究不是对各子系统的决策行为进行孤立的评价，而是把相互影响和制约的各个方面作为一个统一体，在承认系统内部按职能分工的条件下，从系统整体利益出发，使系统的总效益最大。

（3）运筹学是涉及多种学科的综合性科学

由于管理系统涉及很多方面，所以运筹学研究所涉及的问题必然是多学科性的。运筹学研究要吸收其他学科的研究成果，经多学科的协调配合，提出问题，探索解决问题的最佳途径。

（4）运筹学应用模型技术研究问题

运筹学研究通过建立所研究系统的数学模型进行定量分析。实际的系统往往是很复杂的，运筹学总是以科学的态度，从诸多因素中抽象出本质因素，建立模型，用各种手段对模型求解并加以检验，从而为决策者提供最优决策方案。

1.2 运筹学研究的内容

1.2.1 运筹学的主要内容

运筹学研究的内容丰富，涉及面广，应用范围大，已经成为一个相当庞大的学科。运筹学一般包括线性规划、非线性规划、整数规划、动态规划、多目标规划、网络分析、排队论、对策论、决策论、存储论、可靠性理论、模型论、投入产出分析等。

（1）线性规划、非线性规划、整数规划、动态规划、多目标规划

这五部分统称为规划论，主要解决两个方面的问题：一个方面的问题是，对于给定的人力、物力和财力，怎样才能发挥最大的效益；另一个方面的问题是，对于给定的任务，怎样才能用最少的人力、物力和财力完成。

（2）网络分析

网络分析主要研究解决生产组织、计划管理中诸如最短路径问题、最小连接问题、最小费用流问题及最优分派问题等。特别是在设计和安排大型复杂工程时，网络分析是重要的工具。

（3）排队论

排队现象在日常生活中屡见不鲜，如机器等待修理、船舶等待装卸、顾客等待服务等。它们有一个共同的问题，就是等待时间长了，会影响生产任务的完成，或者顾客会自动离去，从而影响经济效益；如果增加修理工、装卸码头和服务台，固然能解决等待时间过长的问题，但又会蒙受修理工、码头和服务台空闲的损失。这类问题的妥善解决是排对论研究的内容。

（4）对策论

对策论是研究具有利害冲突的各方，如何制定出对自己有利从而战胜对手的竞争策略。田忌赛马的故事便是对策论的一个绝妙的例子。

（5）决策论

决策问题是普遍存在的，凡举棋不定的事情都必须作出决策。人们之所以举棋不定，是因为在着手实现某个预期目标时出现了多种情况，又有多种行动方案可供选择。决策者如何从中选择一个最优方案，以达到预期的目标，是决策论研究的内容。

（6）存储论

人们在生产和消费过程中必须储备一定数量的原材料、半成品或商品。存储少了会因停工待料或失去销售机会而遭受损失，存储多了又会造成原材料等的积压及商品的损耗。因此，如何确定合理的存储量、购货批量和购货周期至关重要，这便是存储论要解决的问题。

（7）可靠性理论

一个复杂的系统和设备往往是由成千上万个工作单元或零件组成的，这些单元或零件的质量将直接影响系统或设备的工作性能（是否稳定可靠）。研究如何保证系统或设备的工作可靠性，是可靠性理论的任务。

（8）模型论

人们在生产实践和社会实践中遇到的事物往往是很复杂的，要想了解这些事物的变化规律，首先必须对这些事物的变化过程进行适当的描述，即建立模型，然后通过对模型的研究了解事物的变化规律。模型论就是从理论和方法上研究建立模型的基本策略。

（9）投入产出分析

投入产出分析通过研究多个部门的投入产出所必须遵守的综合平衡原则来制

订各个部门的发展计划，借以从宏观上控制、调整国民经济，使国民经济协调、合理地发展。

1.2.2 运筹学研究问题的步骤

（1）分析情况，确认问题

首先，必须对系统的整体状况、目标等进行认真的分析，确认问题是什么，确定决策目标及决策中的关键因素、各种限制条件、问题的可控变量和有关参数，并明确评价的标准等。

（2）抓住本质，建立模型

模型是对实际问题的抽象概括和严格的逻辑表达，是对各变量关系的描述，是正确研究、成功解决问题的关键。运筹学面对的问题和现象常常是非常复杂的，难以用一个数学模型或模拟模型原原本本地表示出来，这时就需要抓住问题的本质或起决定性作用的主要因素，做大胆的假设，用一个简单的模型去刻画系统和过程。这个模型一定要反映系统和过程的主要特征，尽可能包含系统的各种信息资料、各种要素及它们之间的关系。所以，建立起模型后还需要根据实际数据对模型做反复的检验和修正，直到确定它是实际系统和过程的一个有效代表为止。

（3）求解模型，检验评价

应用各种数学手段和电子计算机对模型进行求解。解可以是最优解、次优解、满意解，解的精度要求可由决策者提出。然后检查研究得到的解是否反映现实问题，以及解与实际情况的符合程度，以判断模型是否正确，模型的解是否有效，并按一定标准作出评价。之后进行灵敏度分析，通过灵敏度分析及时对模型和解进行修正。

（4）实施决策，反馈控制

根据模型求得的最优解并不是决策，而是为决策者提供的方案，最后的决策应由管理者作出。在作出决策并付诸实施后，要保持良好的反馈控制，以便对是否继续实施或修改模型作出迅速的反应。运筹学解决实际问题的整个过程可用框图表示，如图 1.1 所示。

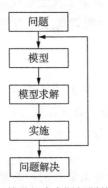

图 1.1 运筹学解决实际问题的过程

1.3　运筹学应用中应注意的问题

运筹学是一种很好的分析工具，如果使用得当，可以取得理想的效果，如果使用不当，则会造成糟糕的结果。在复杂的经济生活中应用运筹学方法，不要把数学中的最优解与现实生活中的最优解等同起来，必须全面考虑各种影响因素，综合分析，对数学最优解进行认真审查或修改，然后才能付诸实施。如果不加分析或修改就把数学最优解应用于实践，往往会造成效果不佳或是根本行不通的局面。这样一来，不但会造成决策失误和损失，还会使人们对运筹学失去信任和兴趣。

思考与练习

1. 查阅田忌赛马的相关资料，思考以下启示或问题：

（1）相同的资源，不同的配置，会有不同的结果。

（2）规则制定权很重要。

（3）知己知彼，百战不殆。

（4）这场赛马博弈田忌赢了吗？

2. 运筹学在日常管理中能解决哪些问题？

3. 查阅围魏救赵、田忌赛马、赵括送粮、李冰修堰等相关资料。

第2章   线性规划与单纯形法

2.1   线性规划问题的提出

在生产管理和经营活动中常常会遇到一类问题，即如何合理地利用有限的人、财、物及时间等资源，得到最好的经济效果。这类问题大部分可表示为如下的规划问题：在一定的约束条件（限制条件）下，使得某一目标函数取得最大（或最小）值。当规划问题的目标函数与约束条件都是线性函数时，便称为线性规划问题。经济管理领域有大量的实际问题可以归结为线性规划问题来研究，这些问题背景不同，表现各异，但数学模型却有着完全相同的形式。下面通过一些具体例子来介绍线性规划的数学模型。

建立线性规划模型的步骤如下：

1）根据管理的要求确定决策目标，收集相关数据。

2）设置要求解的决策变量。决策变量选取得当，有助于顺利地建立数学模型。

3）确定这些决策的约束条件和目标函数。当限制条件多、背景比较复杂时，可以借助图示或表格列出所有的已知数据和信息，以避免遗漏或重复造成的错误。

线性规划问题的三个要素如下。

决策变量：由决策者决定的未知变量，代表决策者可能采取的行动方案。每个问题都用一组决策变量 $(x_1, x_2, \cdots, x_n)$ 表示，这组决策变量的值代表一个具体方案。

目标函数：衡量决策方案优劣的函数，是决策变量的线性函数，根据问题的不同，目标函数需实现最大化（max）或最小化（min）。

约束条件：分为两类，一类是函数约束，对各个限制条件逐一加以分析，写出反映其限制关系的表达式（等式或不等式）；另一类是决策变量约束（如非负生产量），决策变量的非负问题可根据实际问题确定。

具备以上三个要素的问题就称为线性规划问题。

与线性规划问题有关的数学模型由两部分组成：一部分是约束条件，反映了有限资源对生产经营活动的种种约束，或者生产经营必须完成的任务，如不能超过设备工时可用量；另一部分是目标函数，反映在有限资源条件下希望达到的生产或经营目标，如利润最大或成本最小。

2.1.1　生产计划问题

【例 2.1】　工厂用三种设备加工甲、乙、丙三种产品，已知条件见表 2.1。

表 2.1　产品加工的相关数据

加工所需的设备	单位产品所需台时/（h/件）			设备可用台时量/（h/日）
	甲	乙	丙	
设备 A	2	3	0	1500
设备 B	0	2	4	800
设备 C	3	2	5	2000
单位产品的利润/元	3000	5000	4000	——

问：如何安排生产可使该工厂的利润最大？

解　为了求解生产计划问题，设甲、乙、丙三种产品每天的生产量分别为 x_1，x_2，x_3。生产这三种产品所需设备 A 的总台时为 $2x_1+3x_2$，但设备 A 可用日台时量只有 1500h/日，因此应有

$$2x_1+3x_2 \leqslant 1500$$

同理，可以得到

设备 B　　　　　　　$2x_2+4x_3 \leqslant 800$

设备 C　　　　$3x_1+2x_2+5x_3 \leqslant 2000$

由于各种产品的产量不能为负，所以还有

$$x_1，x_2，x_3 \geqslant 0$$

目标函数：每天的生产利润最大，有

$$\max Z = 3000x_1+5000x_2+4000x_3$$

其中，max 表示函数取最大值。

综上，可以把上述生产计划问题的数学模型表达为

$$\max Z = 3000x_1+5000x_2+4000x_3$$

$$\begin{cases} 2x_1+3x_2 \leqslant 1500 \\ 2x_2+4x_3 \leqslant 800 \\ 3x_1+2x_2+5x_3 \leqslant 2000 \\ x_1,x_2,x_3 \geqslant 0 \end{cases}$$

2.1.2　套裁问题

【例 2.2】　某机器设备需要用甲、乙、丙三种规格的轴分别为 1 根、2 根、1 根，这些轴的规格分别是 1.5m，1m，0.7m，这些轴需要用同一种圆钢制作，圆钢长度为 4m。现在要制造 1000 套机器设备，最少要用多少圆钢来生产这些轴？

分析：这是一个下料问题，假设切口宽度为零。设一根圆钢切割成甲、乙、丙三种轴的根数分别为 y_1，y_2，y_3，则切割方式可用不等式 $1.5y_1 + y_2 + 0.7y_3 \leqslant 4$ 表示，要求这个不等式关于 y_1，y_2，y_3 的非负整数解。像这样的非负整数解共有 10 组，也就是有 10 种下料方案，见表 2.2。

表 2.2　下料方案

三种规格的轴/m	下料方案										需求量/根
	1	2	3	4	5	6	7	8	9	10	
1.5	2	2	1	1	1	0	0	0	0	0	1000
1	1	0	2	1	0	4	3	2	1	0	2000
0.7	0	1	0	2	3	0	1	2	4	5	1000
余料/m	0	0.3	0.5	0.1	0.4	0	0.3	0.6	0.2	0.5	—

解　设 x_j（$j=1,2,\cdots,10$）为第 j 种下料方案所用圆钢的根数。

对于 1.5m 的轴，有方案 1～5 共 5 种下料方案，其需求量为 1000 根，见表 2.2，则有

$$2x_1 + 2x_2 + x_3 + x_4 + x_5 \geqslant 1000$$

同理，对 1m 和 0.7m 的轴建立约束条件。要求下料根数最小，则用料最少的数学模型为

$$\min Z = \sum_{j=1}^{10} x_j$$

$$\begin{cases} 2x_1 + 2x_2 + x_3 + x_4 + x_5 \geqslant 1000 \\ x_1 + 2x_3 + x_4 + 4x_6 + 3x_7 + 2x_8 + x_9 \geqslant 2000 \\ x_2 + 2x_4 + 3x_5 + x_7 + 2x_8 + 4x_9 + 5x_{10} \geqslant 1000 \\ x_j \geqslant 0, j = 1, 2, \cdots, 10 \end{cases}$$

上述问题是关于线裁的问题。面裁问题如何解决？体裁问题又如何解决呢？求下料方案时应注意，余料不能超过最短毛坯的长度；最好将毛坯长度按降序排列，即先切割长度最长的毛坯，再切割次长的，最后切割最短的，不能遗漏方案。如果方案较多，用计算机编程排方案，去掉余料较长的方案，进行初选。

2.1.3　人力资源安排问题

【例 2.3】　　某高速公路在 A 市入口处 24h 内通过的车辆数量是不均匀的，相应地在入口处收费的人数安排也因时段不同而有所差异。根据历史资料统计，在各时段至少需要的收费职工人数见表 2.3。

表 2.3　各时段需要的职工人数

时　段	所需职工数/人	时　段	所需职工数/人
0:00—6:00	2	16:00—18:00	6
6:00—10:00	8	18:00—22:00	5
10:00—12:00	4	22:00—24:00	3
12:00—16:00	3	—	—

每位职工上班后先工作 4h，然后离开 1h（休息、就餐等），再工作 4h。职工可以在任何整点时间上班。问：如何安排才能使高速公路收费站雇佣的职工数最少？试建立此问题的线性规划模型。

解　以 24h 整点上班的人数为变量。设 x_0 为 0:00 上班的职工人数，x_1 为 1:00 上班的职工人数，以此类推，x_{22} 为 22:00 上班的职工人数，x_{23} 为 23:00 上班的职工人数。

目标函数：24h 整点上班的人数和最小，即

$$\min Z = x_0 + x_1 + \cdots + x_{22} + x_{23}$$

约束条件：每一个时间段（1h）总会有人在休息，需要分析哪个时间上班的人不在岗位和在岗位上的是哪些时间上班的人。

0:00—1:00 时段 20:00 上班的人（x_{20}）工作 4h 后正在休息；00:00、23:00、22:00 和 21:00 上班的人工作还不到 4h，19:00、18:00、17:00 和 16:00 上班的人已休息 1h（16:00、17:00、18:00、19:00 上班的人分别于 20:00、21:00、22:00、23:00 休息 1h），这些人都在岗位上。这个时间段岗位人数要求至少 2 人，如图 2.1 所示。

$$x_{16} + x_{17} + x_{18} + x_{19} + x_{21} + x_{22} + x_{23} + x_0 \geqslant 2$$

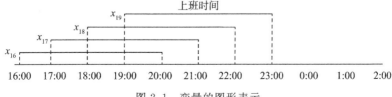

图 2.1　变量的图形表示

类似地可以列出：

1:00—2:00 时间段　　$x_{17}+x_{18}+x_{19}+x_{20}+x_{22}+x_{23}+x_0+x_1 \geqslant 2$

$\vdots$　　　　　　　　　　　$\vdots$

5:00—6:00 时间段　　$x_{21}+x_{22}+x_{23}+x_0+x_2+x_3+x_4+x_5 \geqslant 2$

6:00—7:00 时间段　　$x_{22}+x_{23}+x_0+x_1+x_3+x_4+x_5+x_6 \geqslant 8$

综上所述，该问题的数学模型为

$$\min Z = x_0 + x_1 + \cdots + x_{22} + x_{23}$$

$$
\begin{cases}
x_{16}+x_{17}+x_{18}+x_{19}+x_{21}+x_{22}+x_{23}+x_0 \geqslant 2 \\
x_{17}+x_{18}+x_{19}+x_{20}+x_{22}+x_{23}+x_0+x_1 \geqslant 2 \\
x_{18}+x_{19}+x_{20}+x_{21}+x_{23}+x_0+x_1+x_2 \geqslant 2 \\
x_{19}+x_{20}+x_{21}+x_{22}+x_0+x_1+x_2+x_3 \geqslant 2 \\
x_{20}+x_{21}+x_{22}+x_{23}+x_1+x_2+x_3+x_4 \geqslant 2 \\
x_{21}+x_{22}+x_{23}+x_0+x_2+x_3+x_4+x_5 \geqslant 2 \\
x_{22}+x_{23}+x_0+x_1+x_3+x_4+x_5+x_6 \geqslant 8 \\
x_{23}+x_0+x_1+x_2+x_4+x_5+x_6+x_7 \geqslant 8 \\
x_0+x_1+x_2+x_3+x_5+x_6+x_7+x_8 \geqslant 8 \\
x_1+x_2+x_3+x_4+x_6+x_7+x_8+x_9 \geqslant 8 \\
x_1+x_2+x_3+x_4+x_5+x_7+x_8+x_9+x_{10} \geqslant 4 \\
x_2+x_3+x_4+x_5+x_6+x_8+x_9+x_{10}+x_{11} \geqslant 4 \\
x_3+x_4+x_5+x_6+x_7+x_9+x_{10}+x_{11}+x_{12} \geqslant 3 \\
x_4+x_5+x_6+x_7+x_8+x_{10}+x_{11}+x_{12}+x_{13} \geqslant 3 \\
x_5+x_6+x_7+x_8+x_9+x_{11}+x_{12}+x_{13}+x_{14} \geqslant 3 \\
x_6+x_7+x_8+x_9+x_{10}+x_{12}+x_{13}+x_{14}+x_{15} \geqslant 3 \\
x_7+x_8+x_9+x_{10}+x_{11}+x_{13}+x_{14}+x_{15}+x_{16} \geqslant 6 \\
x_8+x_9+x_{10}+x_{11}+x_{12}+x_{14}+x_{15}+x_{16}+x_{17} \geqslant 6 \\
x_9+x_{10}+x_{11}+x_{12}+x_{13}+x_{15}+x_{16}+x_{17}+x_{18} \geqslant 5 \\
x_{10}+x_{11}+x_{12}+x_{13}+x_{14}+x_{16}+x_{17}+x_{18}+x_{19} \geqslant 5 \\
x_{11}+x_{12}+x_{13}+x_{14}+x_{15}+x_{17}+x_{18}+x_{19}+x_{20} \geqslant 5 \\
x_{12}+x_{13}+x_{14}+x_{15}+x_{16}+x_{18}+x_{19}+x_{20}+x_{21} \geqslant 5 \\
x_{13}+x_{14}+x_{15}+x_{16}+x_{17}+x_{19}+x_{20}+x_{21}+x_{22} \geqslant 3 \\
x_{14}+x_{15}+x_{16}+x_{17}+x_{18}+x_{20}+x_{21}+x_{22}+x_{23} \geqslant 3 \\
x_i \geqslant 0, \ i=0,1,2,\cdots,23
\end{cases}
$$

2.1.4　配料问题

【例 2.4】　有一个动物饲养场，每只动物每天至少需要 750g 蛋白质，40g 矿物质，110mg 维生素。现有四种饲料可供选用，各种饲料每公斤营养成分含量及单价见表 2.4。

表 2.4　不同饲料每公斤营养成分含量

营养成分	饲料种类				需要量
	A	B	C	D	
蛋白质/g	3	2	1	5	750
矿物质/g	1	0.5	0.2	2	40
维生素/mg	0.5	1	0.3	2.5	110
单价/（元/kg）	0.8	1.2	0.6	2	—

问：这四种饲料各采购多少，才能使总费用最少？

解　设 x_1，x_2，x_3，x_4 分别表示四种饲料的采购量（单位为 kg），该问题的数学模型为

$$\min Z = 0.8x_1 + 1.2x_2 + 0.6x_3 + 2x_4$$

$$\begin{cases} 3x_1 + 2x_2 + x_3 + 5x_4 \geqslant 750 \\ x_1 + 0.5x_2 + 0.2x_3 + 2x_4 \geqslant 40 \\ 0.5x_1 + x_2 + 0.3x_3 + 2.5x_4 \geqslant 110 \\ x_i \geqslant 0, i = 1,2,3,4 \end{cases}$$

三种营养成分的需要量是有限制的，每一个限制就是一个约束条件。

上述问题常称为配料问题，如营养品（饮食）搭配、生产配方、饮料配方、农场养殖配方等，这类问题的一般提法为：

设有包含 m 种营养成分的 n 种食物，其中第 j 种食物每单位所含的第 i 种营养成分为 a_{ij} 个营养单位（$i = 1 \sim m$，$j = 1 \sim n$）。第 j 种食物的单位售价为 c_j，且为了达到正常营养标准，要求这 n 种食物中所含第 i 种营养成分的总量不低于 b_i 个营养单位。问：怎样确定最经济的购买方案？

设 x_i 为购买第 i 种食物的数量（$i = 1 \sim n$），则上述问题的数学模型为

$$\min Z = c_1x_1 + c_2x_2 + \cdots + c_nx_n$$

$$\begin{cases} a_{11}x_1 + a_{12}x_2 + \cdots + a_{1n}x_n \geqslant b_1 \\ a_{12}x_1 + a_{22}x_2 + \cdots + a_{2n}x_n \geqslant b_2 \\ \qquad\qquad\qquad \vdots \\ a_{m1}x_1 + a_{m2}x_2 + \cdots + a_{mn}x_n \geqslant b_m \\ x_i \geqslant 0, i = 1,2,\cdots,n \end{cases}$$

2.1.5　投资问题

【例 2.5】　某公司经调研分析得知，在今后三年内有四种投资机会。A 方案是在三年内每年年初投资，年底可获利 15%，并可将本金收回；B 方案是在第一年的年初投资，第二年的年底可获利 45%，并将本金收回，但该项投资不得超过 2 万元；C 方案是在第二年的年初投资，第三年的年底可获利 65%，并将本金收回，但该项投资不得超过 1.5 万元；D 方案是在第三年的年初投资，年底收回本金，且可获利 35%，但该项投资不得超过 1 万元。现在该公司准备拿出 3 万元投资，问：如何计划可使第三年年末的本利和最大？请列出数学模型。

解　设 x_{ij} 为第 i 年投资到第 j 种投资方案的金额数，单位为万元，$i=1$，2，3；$j=$A，B，C，D，如图 2.2 所示。

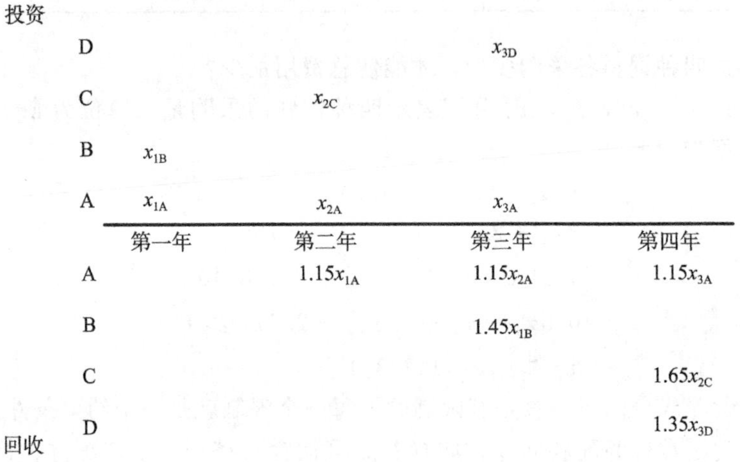

图 2.2　投资与收益

根据图 2.2 所示，每年年初的投资额等于当年年初可用的资金额。

第一年　　　　　　$x_{1A}+x_{1B}=3$

第二年　　　　　　$x_{2A}+x_{2C}=1.15x_{1A}$

第三年　　　　$x_{3A}+x_{3D}=1.45x_{1B}+1.15x_{2A}$

A、B、C 方案每年单项投资额的限制条件为 $x_{1B}\leqslant2$，$x_{2C}\leqslant1.5$，$x_{3D}\leqslant1$。

要求第三年年末第四年年初的本利和最大，本利和为

$$1.15x_{3A}+1.65x_{2C}+1.35x_{3D}$$

综上所述，该投资问题的数学模型为

$$\max Z=1.15x_{3A}+1.65x_{2C}+1.35x_{3D}$$

$$\begin{cases} x_{1A} + x_{1B} = 3 \\ x_{1B} \leqslant 2 \\ x_{2A} + x_{2C} - 1.15x_{1A} = 0 \\ x_{2C} \leqslant 1.5 \\ x_{3A} + x_{3D} - 1.45x_{1B} - 1.15x_{2A} = 0 \\ x_{3D} \leqslant 1 \\ x_{ij} \geqslant 0, i = 1,2,3; j = A,B,C,D \end{cases}$$

投资问题借助画图较容易理解,如图 2.2 所示,横线上面表示投资情况,下面表示收益情况,再根据每年年初的具体要求列出约束条件。

2.2　线性规划的图解法

2.2.1　图解法的基本步骤

只有两个变量的线性规划问题可以用图解法求解。图解法是通过直接在平面直角坐标系中作图来求解线性规划问题的一种直观的方法。

线性规划图解法的步骤如下:

1)建立坐标系。以 x_1 为横坐标,以 x_2 为纵坐标建立直角坐标系。也可以以 x_2 为横坐标,以 x_1 为纵坐标。

2)求可行解集合。根据变量非负条件,即 x_1,$x_2 \geqslant 0$,在第一象限内分别求出满足每个约束条件的区域,其交集就是可行解集合,或称为可行域。

3)绘制目标函数图形。对于目标函数 $Z = c_1 x_1 + c_2 x_2$,Z 取不同值时,可以得到一组斜率相同的平行等值线。

4)求最优解。根据目标函数求最大或最小值来移动目标函数直线,直线与可行域边界相交的点对应的坐标就是最优解。一般地,将目标函数直线在可行域中平移,求最大值时直线沿着矢量方向移动,求最小值时直线沿着矢量的反方向移动。

【例 2.6】　用图解法求解下列线性规划问题。

$$\max Z = 5x_1 + 9x_2$$

$$\begin{cases} x_1 + x_2 \leqslant 30 \\ 2x_1 + x_2 \leqslant 40 \\ x_2 \leqslant 25 \\ x_1, x_2 \geqslant 0 \end{cases}$$

解 1）求可行解集合。令三个约束条件取等式，得到三条直线，在第一象限画出满足三个不等式的区域，其交集就是可行解集合，或称可行域，如图2.3所示。

2）绘制目标函数图形。目标函数 $Z=5x_1+9x_2$，当 Z 取某一数值时，用直线在图上表示出来。Z 取不同的值就可以得到不同的直线，但不管 Z 怎样取值，所得直线的斜率是不变的。不同的 Z 值对应一组平行的等值线，如图2.3所示。

3）求最优解。当目标函数的平行等值线按图2.4中箭头的方向平移时，Z 的取值逐渐增大。当目标函数的平行等值线移出可行域时，与可行域相交的点 A 的坐标（5，25）就是最优解。

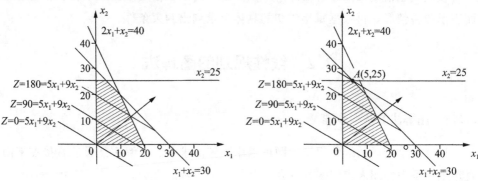

图2.3　一组 Z 值等值线　　　　图2.4　Z 值等值线向右上方平移

由图2.4可得该问题的最优解为 $x_1=5$，$x_2=25$，代入目标函数得 $Z=250$。

2.2.2　解的几种可能结果

1）如果线性规划有最优解，则一定有一个可行域的顶点对应一个最优解。

2）无穷多个最优解。若将例2.6中的目标函数变为 $\max Z=x_1+x_2$，则线段 AB（$A(5,25)$，$B(10,20)$）上的所有点都代表了最优解，如图2.5所示。

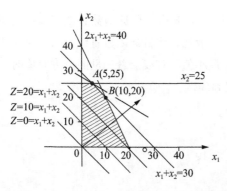

图2.5　有无穷多解

3）无界解。可行域的范围延伸到无穷远，目标函数值可以无穷大或无穷小。一般来说，这说明模型可能有错，忽略了一些必要的约束条件。

4）无可行解。若在例2.6的数学模型中再增加一个约束条件 $4x_1+3x_2 \geqslant 1200$，则可行域为空域，不存在满足约束条件的解，当然也就不存在最优解了。

2.3　线性规划的标准型

2.3.1　线性规划问题的标准形式

在用线性规划求解相关问题时，为了讨论问题方便，需将线性规划模型化为统一的标准形式。

线性规划的标准型如下：

1）目标函数为最大化（也可以为最小化，但一般为最大化）。

2）约束条件均为等式方程。

3）等式右边的常数项都大于或等于零。

4）所有的变量 x_i 都是非负的。

$$\max Z = c_1 x_1 + c_2 x_2 + \cdots + c_n x_n$$

$$\begin{cases} a_{11} x_1 + a_{12} x_2 + \cdots + a_{1n} x_n = b_1 \\ a_{21} x_1 + a_{22} x_2 + \cdots + a_{2n} x_n = b_2 \\ \qquad\qquad\qquad\vdots \\ a_{m1} x_1 + a_{m2} x_2 + \cdots + a_{mn} x_n = b_m \\ x_i \geqslant 0,\ i = 1 \sim n\,;\ b_j \geqslant 0,\ j = 1 \sim m \end{cases}$$

也可以写成以下形式：

$$\max Z = \sum_{i=1}^{n} c_i x_i$$

$$\begin{cases} \sum_{i=1}^{n} a_{ij} x_i = b_j,\ j = 1 \sim m \\ x_i \geqslant 0,\ i = 1 \sim n\,;\ b_j \geqslant 0,\ j = 1 \sim m \end{cases}$$

写成矩阵形式为

$$\max \boldsymbol{Z} = \boldsymbol{C}\boldsymbol{X}$$

$$\begin{cases} \boldsymbol{A}\boldsymbol{X} = \boldsymbol{b} \\ \boldsymbol{X} \geqslant \boldsymbol{0} \end{cases}$$

其中

$$\boldsymbol{A} = \begin{bmatrix} a_{11} & a_{12} & \cdots & a_{1n} \\ a_{21} & a_{22} & \cdots & a_{2n} \\ \vdots & \vdots & \vdots & \vdots \\ a_{m1} & a_{m2} & \cdots & a_{mn} \end{bmatrix} ;\ \boldsymbol{X} = \begin{bmatrix} x_1 \\ x_2 \\ \vdots \\ x_n \end{bmatrix} ;\ \boldsymbol{b} = \begin{bmatrix} b_1 \\ b_2 \\ \vdots \\ b_m \end{bmatrix} ;\ \boldsymbol{C} = \begin{bmatrix} c_1 & c_2 & \cdots & c_n \end{bmatrix}$$

2.3.2　非线性规划问题的标准化

对于各种非标准形式的线性规划问题，总可以通过变换将其转化为标准形式。

1. 极小化目标函数的问题

设目标函数为 $\min f = c_1 x_1 + c_2 x_2 + \cdots + c_n x_n$，可以令 $Z = -f$，则该极小化问题与极大化问题 $\max Z = -c_1 x_1 - c_2 x_2 - \cdots - c_n x_n$ 有相同的最优解。但必须注意，尽管以上两个问题的最优解相同，但它们最优解的目标函数值却相差一个符号，即 $\min f = -\max Z$。

2. 约束条件不是等式的问题

设约束条件为 $a_{i1} x_1 + a_{i2} x_2 + \cdots + a_{in} x_n \leqslant b_i$，可以引进一个新的变量 s，使它等于约束条件右边与左边之差，$s = b_i - (a_{i1} x_1 + a_{i2} x_2 + \cdots + a_{in} x_n)$。显然，$s$ 也具有非负约束，即 $s \geqslant 0$，这时新的约束条件为 $a_{i1} x_1 + a_{i2} x_2 + \cdots + a_{in} x_n + s = b_i$。

当约束条件为 $a_{i1} x_1 + a_{i2} x_2 + \cdots + a_{in} x_n \geqslant b_i$ 时，类似地，令 $s = (a_{i1} x_1 + a_{i2} x_2 + \cdots + a_{in} x_n) - b_i$，显然，$s$ 也具有非负约束，即 $s \geqslant 0$，这时新的约束条件为 $a_{i1} x_1 + a_{i2} x_2 + \cdots + a_{in} x_n - s = b_i$。

为了使约束由不等式变为等式而引进的变量 s，当不等式为小于等于时称为松弛变量，当不等式为大于等于时称为剩余变量（也称松弛变量）。如果原问题中有若干个非等式约束，则将其转化为标准形式时，必须对各个约束引进不同的松弛变量。

3. 右端项有负值的问题

在标准形式中，要求右端项必须每一个分量都非负。当某一个右端项系数为负时，如 $b_i < 0$，则把该等式约束两端同时乘以 -1，得到

$$-a_{i1} x_1 - a_{i2} x_2 - \cdots - a_{in} x_n = -b_i$$

4. 变量无符号限制问题

在标准形式中，必须每一个变量均有非负约束。当某一个变量 x_j 没有非负约束时，可以令

$$x_j = x'_j - x''_j$$

其中

$$x'_j \geqslant 0, \quad x''_j \geqslant 0$$

即用两个非负变量之差来表示一个无符号限制的变量，当然，x_j 的符号取决于 x'_j 和 x''_j 的大小。

【例 2.7】　把下列线性规划问题化为线性规划的标准型。

$$\min Z = x_1 + 2x_2 - 3x_3$$

$$\begin{cases} x_1 + 2x_2 - x_3 \leqslant 8 \\ 2x_1 + 3x_2 - x_3 \leqslant 6 \\ -x_1 - x_2 + x_3 \geqslant -3 \\ x_1 \geqslant 0, x_3 \leqslant 0 \end{cases}$$

解　将目标函数化为 max 型，再将函数的约束化为等式，得

$$\max F = -x_1 - 2x_2 + 3x_3 + 0s_1 + 0s_2 + 0s_3$$

$$\begin{cases} x_1 + 2x_2 - x_3 + s_1 = 8 \\ 2x_1 + 3x_2 - x_3 - s_2 = 6 \\ -x_1 - x_2 + x_3 - s_3 = -3 \\ x_1, s_1, s_2, s_3 \geqslant 0, x_3 \leqslant 0 \end{cases}$$

由于 x_2 是自由变量，$x_3 \leqslant 0$，第三个约束条件右边的常数项小于 0，还需要进行变换和处理。设 $x_2 = x'_2 - x''_2, x'_2, x''_2 \geqslant 0$，令 $x_3 = -x'_3, x'_3 \geqslant 0$，则其标准型为

$$\max F = -x_1 - 2x'_2 + 2x''_2 - 3x'_3 + 0s_1 + 0s_2 + 0s_3$$

$$\begin{cases} x_1 + 2x'_2 - 2x''_2 + x'_3 + s_1 = 8 \\ 2x_1 + 3x'_2 - 3x''_2 + x'_3 - s_2 = 6 \\ x_1 + x'_2 - x''_2 + x'_3 + s_3 = 3 \\ x_1, x'_2, x''_2, x'_3, s_1, s_2, s_3 \geqslant 0 \end{cases}$$

以上分别从目标函数、函数约束、决策变量三方面讨论了非标准线性规划问题的标准化方法。在上面的讨论中，所有转换都是等价变形，即按上述方法转化而得的标准型与原问题同解，且始终保持线性。

2.4　线性规划问题的解

2.4.1　线性规划的解的相关概念

设线性规划问题标准型的矩阵表达式为

$$\max Z = \boldsymbol{CX}$$

$$\begin{cases} AX = b \\ X \geqslant 0 \end{cases}$$

式中，A 是 $m \times n$ 矩阵，$m \leqslant n$，并且 $r(A) = m$。显然，A 中至少有一个 $m \times m$ 子矩阵 B，使得 $r(B) = m$。

基：A 中有 $m \times m$ 子矩阵 B，并且有 $r(B) = m$，则称 B 是线性规划的一个基（或基矩阵）。当 $m = n$ 时，基矩阵唯一；当 $m < n$ 时，基矩阵可能有多个，但数目不超过 C_n^m。

【例 2.8】　已知线性规划如下，求其所有的基矩阵。

$$\max Z = 3x_1 + 2x_2$$
$$\begin{cases} -2x_1 + x_2 + x_3 = 2 \\ x_1 - 3x_2 + x_4 = 3 \\ x_j \geqslant 0, \ j = 1, 2, 3, 4 \end{cases}$$

解　约束方程的系数矩阵为 2×4 矩阵，即

$$A = \begin{bmatrix} -2 & 1 & 1 & 0 \\ 1 & -3 & 0 & 1 \end{bmatrix}$$

容易看出 $r(A) = 2$，2 阶子矩阵有 $C_4^2 = 6$（个），即

$$B_1 = \begin{bmatrix} -2 & 1 \\ 1 & -3 \end{bmatrix}, \qquad B_2 = \begin{bmatrix} -2 & 1 \\ 1 & 0 \end{bmatrix}, \qquad B_3 = \begin{bmatrix} -2 & 0 \\ 1 & 1 \end{bmatrix},$$

$$B_4 = \begin{bmatrix} 1 & 1 \\ -3 & 0 \end{bmatrix}, \qquad B_5 = \begin{bmatrix} 1 & 0 \\ -3 & 1 \end{bmatrix}, \qquad B_6 = \begin{bmatrix} 1 & 0 \\ 0 & 1 \end{bmatrix}$$

由线性代数可知，基矩阵 B 必为非奇异矩阵，并且 $|B| \neq 0$。当矩阵 B 的行列式等于零，即 $|B| = 0$ 时就不是基。当确定某一矩阵为基矩阵时，则基矩阵对应的列向量称为基向量，其余列向量称为非基向量。

基向量对应的变量称为基变量，非基向量对应的变量称为非基变量。对于 $B_2 = \begin{bmatrix} -2 & 1 \\ 1 & 0 \end{bmatrix}$，基向量是 A 中的第一列和第四列，其余列向量是非基向量，x_1，x_4 是基变量，x_2，x_3 是非基变量。基变量、非基变量是针对某一确定基而言的，不同的基对应的基变量和非基变量不同。对于 $B_6 = \begin{bmatrix} 1 & 0 \\ 0 & 1 \end{bmatrix}$，基向量是 A 中的第三列和第四列，其余列向量是非基向量，x_3，x_4 是基变量，x_1，x_2 是非基变量。

可行解：满足 $AX = b$ 及 $X \geqslant 0$ 的解 $X = (x_1, x_2, x_3, x_4)^{\mathrm{T}}$ 称为可行解。例如，$X = (0, 0, 2, 3)^{\mathrm{T}}$ 是例 2.8 的可行解。

最优解：满足 $\max \boldsymbol{Z} = \boldsymbol{CX}$ 的可行解称为最优解，即使目标函数达到最大值的可行解就是最优解，如可行解 $\boldsymbol{X} = (3, 0, 8, 0)^{\mathrm{T}}$ 是例 2.8 的最优解。

基本解：对某一确定的基 $\boldsymbol{B}$，令非基变量等于零，利用式 $\boldsymbol{AX} = \boldsymbol{b}$ 解出基变量，则这组解称为基 $\boldsymbol{B}$ 的基本解。对于 $\boldsymbol{B}_2 = \begin{bmatrix} -2 & 1 \\ 1 & 0 \end{bmatrix}$，令非基变量 $x_2 = 0, x_3 = 0$，代入约束条件，解得 $x_1 = -1, x_4 = 4$，则基本解 $\boldsymbol{X}^{(0)} = \begin{bmatrix} -1 & 0 & 0 & 4 \end{bmatrix}^{\mathrm{T}}$。

基可行解：若基本解是可行解，则称为基可行解（也称为基可行解）。

显然，只要基本解中基变量的解满足 $\boldsymbol{X} \geqslant \boldsymbol{0}$ 的非负要求，这个基本解就是基可行解。

在例 2.8 中，对于 $\boldsymbol{B}_3 = \begin{bmatrix} -2 & 0 \\ 1 & 1 \end{bmatrix}$ 来说，x_1, x_3 是基变量，x_2, x_4 是非基变量，令 $x_2 = x_4 = 0$，代入约束条件式 $\begin{cases} -2x_1 + x_2 + x_3 = 2 \\ x_1 - 3x_2 + x_4 = 3 \\ x_j \geqslant 0, j = 1, 2, 3, 4 \end{cases}$，得出 $\begin{cases} -2x_1 + x_3 = 2 \\ x_1 = 3 \\ x_j \geqslant 0, j = 1, 2 \end{cases}$，可解出基本解 $\boldsymbol{X}^{(1)} = \begin{bmatrix} 3 & 0 & 8 & 0 \end{bmatrix}^{\mathrm{T}}$。由于 $\boldsymbol{X}^{(1)} = \begin{bmatrix} 3 & 0 & 8 & 0 \end{bmatrix}^{\mathrm{T}}$ 是基本解，所以它是基可行解。在 $\boldsymbol{X}^{(0)} = \begin{bmatrix} -1 & 0 & 0 & 4 \end{bmatrix}^{\mathrm{T}}$ 中 $x_1 < 0$，因此不是可行解，也就不是基可行解。反之，可行解不一定是基可行解。

【例 2.9】　找出下列线性规划问题的全部基解、基可行解，并找出最优解。

$$\max Z = 3x_1 + 5x_2$$

$$\begin{cases} x_1 \leqslant 4 \\ x_2 \leqslant 6 \\ 3x_1 + 2x_2 \leqslant 18 \\ x_1, x_2 \geqslant 0 \end{cases}$$

解　化为标准型：

$$\max Z = 3x_1 + 5x_2 + 0x_3 + 0x_4 + 0x_5$$

$$\begin{cases} x_1 + x_3 = 4 \\ x_2 + x_5 = 6 \\ 3x_1 + 2x_2 + x_5 = 18 \\ x_i \geqslant 0, i = 1, \cdots, 5 \end{cases}$$

基本解为

$$\boldsymbol{X}_1 = (0, 1, 4, 12, 18)^{\mathrm{T}}, \quad \boldsymbol{X}_2 = (4, 0, 0, 12, 6)^{\mathrm{T}}, \quad \boldsymbol{X}_3 = (6, 0, -2, 12, 0)^{\mathrm{T}},$$

$$\boldsymbol{X}_4 = (4,3,0,6,0)^{\mathrm{T}}, \ \boldsymbol{X}_5 = (0,6,4,0,6)^{\mathrm{T}}, \ \boldsymbol{X}_6 = (2,6,2,0,0)^{\mathrm{T}},$$

$$\boldsymbol{X}_7 = (4,6,0,0,-6)^{\mathrm{T}}, \ \boldsymbol{X}_8 = (0,9,4,-6,0)^{\mathrm{T}}$$

其中，基可行解为 $\boldsymbol{X}_1, \boldsymbol{X}_2, \boldsymbol{X}_4, \boldsymbol{X}_5, \boldsymbol{X}_6$。最优解为 $\boldsymbol{X}^* = \boldsymbol{X}_6 = (2,6,2,0,0)^{\mathrm{T}}$，目标函数最优值 $Z^* = 36$。

2.4.2　基本定理

定理 1：若线性规划问题存在可行解，则问题的可行域是凸集。

引理：线性规划的可行解 $\boldsymbol{X} = (x_1, x_2, \cdots, x_n)^{\mathrm{T}}$ 为基可行解的充要条件是 $\boldsymbol{X}$ 的正分量所对应的系数列向量是线性独立的。

定理 2：线性规划的问题基可行解 X 对应线性规划可行域的顶点。

定理 3：若线性规划问题有最优解，一定存在一个基可行解是最优解。

2.5　线性规划的单纯形法

2.5.1　单纯形法迭代的基本思路

（1）枚举法

若线性规划问题有最优解，则必可在某个顶点上达到，即在某个基可行解上取得最优解。因此，对于线性规划问题，可把所有基可行解都找出来，然后逐个进行比较，求出最优解。基可行解的个数不超过 C_n^m 个，若 m，n 取值都很小，可以将这些解列出来，但如果 m，n 很大，如 $m = 20$，$n = 40$ 时，$C_n^m \approx 1.3 \times 10^{11}$，显然行不通。

（2）逐步改善法

对于线性规划问题，先找出一个基可行解，判断其是否为最优解，如不是最优解，则寻求一个更好的基可行解，直到找到最优解为止。这种逐步改善的求解方法需要解决以下三个问题：

1）如何判别当前的基可行解是否为最优解。

2）若当前解不是最优解，如何去寻找一个比当前解更好的基可行解。

3）如何得到一个初始的基可行解。

【例 2.10】　求解下列线性规划问题的最优解。

$$\max Z = 5x_1 + 2x_2$$

$$\begin{cases} 30x_1 + 20x_2 \leqslant 160 \\ 5x_1 + x_2 \leqslant 15 \\ x_1 \leqslant 4 \\ x_1, x_2 \geqslant 0 \end{cases}$$

解　化为标准形式：

$$\max Z = 5x_1 + 2x_2 + 0x_3 + 0x_4 + 0x_5$$

$$\begin{cases} 30x_1 + 20x_2 + x_3 = 160 \\ 5x_1 + x_2 + x_4 = 15 \\ x_1 + x_5 = 4 \\ x_i \geqslant 0, \ i = 1, 2, 3, 4, 5 \end{cases}$$

第一步，确定一个初始基可行解。基可行解就是满足非负条件的基本解，因此要在约束矩阵 A 中找出一个可逆的基矩阵。

$$A = \begin{bmatrix} 30 & 20 & 1 & 0 & 0 \\ 5 & 1 & 0 & 1 & 0 \\ 1 & 0 & 0 & 0 & 1 \end{bmatrix}$$

这里 $m = 3$，为三阶可逆方阵，可以看出，x_3，x_4，x_5 的系数列向量是线性独立的，这些向量构成一个基。$\boldsymbol{B}^{(0)} = \begin{bmatrix} 1 & 0 & 0 \\ 0 & 1 & 0 \\ 0 & 0 & 1 \end{bmatrix} = (\boldsymbol{A}_3, \ \boldsymbol{A}_4, \ \boldsymbol{A}_5)$，对应的基变量为 x_3，x_4，x_5，非基变量为 x_1，x_2。

将基变量用非基变量表示，得

$$x_3 = 160 - 30x_1 - 20x_2$$

$$x_4 = 15 - 5x_1 - x_2$$

$$x_5 = 4 - x_1$$

将 x_3，x_4，x_5 代入目标函数，得 $Z = 5x_1 + 2x_2 + 0$。

令非基变量 $x_1 = x_2 = 0$，代入 x_3，x_4，x_5 的表达式中，得到一个基可行解 $\boldsymbol{X}^{(0)}$ 为

$$\boldsymbol{X}^{(0)} = (0, \ 0, \ 160, \ 15, \ 4)^{\mathrm{T}}$$

第二步，从当前基可行解转换为更好的基可行解。

从数学角度看，x_1，x_2 的增大将会增大目标函数值，从目标函数值中 x_1，x_2 的系数看，x_1 的系数大于 x_2 的系数，所以将 x_1 从非基变量转为基变量，称为进基变量。出基变量的确定方法如下。

因为 x_2 仍为非基变量，故 $x_2 = 0$，则 x_3，x_4，x_5 的表达式变为

$$x_3 = 160 - 30x_1, \quad 160/30 = 16/3$$

$$x_4 = 15 - 5x_1, \quad 15/5 = 3$$

$$x_5 = 4 - x_1, \quad 4/1 = 4$$

上面三个比值最小值为 3，即 min＝3，所以当 $x_1 = 3$ 时，x_4 首先减少到 0，所以 x_4 出基，则

$$\boldsymbol{X}^{(1)} = (3, 0, 70, 0, 1)^{\mathrm{T}}$$

$$\boldsymbol{B}^{(1)} = (\boldsymbol{A}_1, \boldsymbol{A}_3, \boldsymbol{A}_5), \ Z^{(1)} = 15$$

此时非基变量为 x_2，x_4，用非基变量表示基变量，代入上述 x_1，x_3，x_5 的表达式，得

$$x_1 = 3 - \frac{1}{5}x_2 - \frac{1}{5}x_4$$

$$x_3 = 70 - 14x_2 + 6x_4$$

$$x_5 = 1 + \frac{1}{5}x_2 + \frac{1}{5}x_4$$

将 x_1，x_3，x_5 的表达式代入目标函数，得 $Z = 15 + x_2 - x_4$。

第三步，继续迭代。

x_2 进基，x_4 仍为非基变量，令 $x_4 = 0$，则上述 x_1，x_3，x_5 的表达式转化为

$$x_1 = 3 - \frac{1}{5}x_2, \ 3/\frac{1}{5} = 15$$

$$x_3 = 70 - 14x_2, \ 70/14 = 5$$

$$x_5 = 1 + \frac{1}{5}x_2, \ /（不满足条件，无比值）$$

上面的比值中最小值为 5，即 min＝5，所以当 $x_2 = 5$ 时，x_3 首先减少到 0，所以 x_3 出基，则

$$\boldsymbol{X}^{(2)} = (2, 5, 0, 0, 2)^{\mathrm{T}}$$

$$\boldsymbol{B}^{(2)} = (\boldsymbol{A}_1, \boldsymbol{A}_2, \boldsymbol{A}_5), Z^{(2)} = 20$$

此时非基变量为 x_3，x_4，用非基变量表示基变量，代入 x_1，x_2，x_5 的表达式，得

$$x_1 = 2 - \frac{1}{70}x_3 - \frac{2}{7}x_4$$

$$x_2 = 5 - \frac{1}{14}x_3 + \frac{3}{7}x_4$$

$$x_5 = 2 - \frac{1}{70}x_3 + \frac{2}{7}x_4$$

再将上述 x_1，x_2，x_5 的表达式代入目标函数，得 $Z = 20 - \dfrac{1}{14}x_3 - \dfrac{4}{7}x_4$。

此时若非基变量 x_3，x_4 的值增大，只能使 Z 值减小。所以，$\boldsymbol{X}^{(2)}$ 为最优解，$Z^* = 20$，$\boldsymbol{X}^* = (2，5，0，0，2)^{\mathrm{T}}$。

2.5.2　单纯形表

为了书写规范和便于计算，针对单纯形法的计算设计了一种专门的表格，称为单纯形表。迭代计算中每找出一个新的基可行解时，就重画一张单纯形表。初始基可行解的单纯形表称为单纯形初表，含最优解的单纯形表称为单纯形终表。

单纯形表的基本结构见表 2.5。

表 2.5　单纯形表的基本结构

$\boldsymbol{C}_B$，$\boldsymbol{X}_B$，$\boldsymbol{b}$ 的值			c_j 及 a_{ij} 的值						
			c_1	$\cdots$	c_m	$\cdots$	c_j	$\cdots$	c_n
$\boldsymbol{C}_B$	$\boldsymbol{X}_B$	$\boldsymbol{b}$	x_1	$\cdots$	x_m	$\cdots$	x_j	$\cdots$	x_n
c_1	x_1	b_1	1	$\cdots$	0	$\cdots$	a_{1j}	$\cdots$	a_{1n}
c_2	x_2	b_2	0	$\cdots$	$\cdots$	$\cdots$	a_{2j}	$\cdots$	a_{2n}
$\vdots$	$\vdots$	$\vdots$	$\vdots$	$\vdots$	$\vdots$	$\vdots$	$\vdots$	$\vdots$	$\vdots$
c_m	x_m	b_m	0	$\cdots$	1	$\cdots$	a_{mj}	$\cdots$	a_{mn}
$\sigma_j = c_j - z_j = c_j - \sum\limits_{i=1}^{m} c_i a_{ij}$			0	$\cdots$	0	$\cdots$	σ_j	$\cdots$	σ_n

2.5.3　单纯形法计算步骤

根据 2.5.2 节中讲述的原理，单纯形法的计算步骤如下：

1）将一般形式转化为标准形式。

2）从标准形式中求出初始基可行解，建立单纯形初表。对标准形式的线性规划，在约束条件式的变量的系数矩阵中总会存在一个单位矩阵，即

$$(\boldsymbol{P}_1，\boldsymbol{P}_2，\cdots，\boldsymbol{P}_m) = \begin{bmatrix} 1 & & & \\ & 1 & & \\ & & \ddots & \\ & & & 1 \end{bmatrix}$$

其中，$\boldsymbol{P}_1$，$\boldsymbol{P}_2$，$\cdots$，$\boldsymbol{P}_m$ 称为基向量，与其对应的变量 x_1，x_2，$\cdots$，x_m 称为基变量；模型中其他变量 x_{m+1}，x_{m+2}，$\cdots$，x_n 称为非基变量。若令所有非基变量为

0，求出基变量的值，可以得到初始基可行解，将其数据代入单纯形表中，可以得到单纯形初表。

3）检验目前的基可行解是否最优。根据解的检验，确定其是否是四种解（唯一最优解、无穷多解、无界解和无可行解）中的一种，若是则结束运算，否则转入下一步。

4）从一个基可行解转换到相邻的目标函数值更大的基可行解，列出新的单纯形表。

① 确定换入的非基变量（换入变量）。只要有检验数 $\sigma_j > 0$，对应的变量就可以作为换入的基变量。当有一个以上的检验数大于 0 时，一般从中找出最大的一个 σ_k，即 $\sigma_k = \max \{\sigma_j \mid \sigma_j > 0\}$，其对应的变量 x_k 作为换入的非基变量，称为换入变量。

② 确定换出变量。计算 $\theta = \min \left\{ \dfrac{b_i}{a_{ik}} \mid a_{ik} > 0 \right\} = \dfrac{b_l}{a_{lk}}$，确定 x_l（x_l 代表某个变量）是换出的基变量。元素 a_{lk} 决定了从一个基可行解到相邻基可行解的转移去向，称为主元素。

③ 用换入变量 x_k 替代换出变量 x_l，得到新的基、基可行解，并相应得到新的单纯形表。

5）重复 3）、4）两步，直到计算结束。

【例 2.11】 用单纯形法解例 2.10 中的线性规划问题。

$$\max Z = 5x_1 + 2x_2$$

$$\begin{cases} 30x_1 + 20x_2 \leqslant 160 \\ 5x_1 + x_2 \leqslant 15 \\ x_1 \leqslant 4 \\ x_1, x_2 \geqslant 0 \end{cases}$$

解 第一步，将线性规划数学模型标准化，构造一个初始基可行解。

当线性规划的约束条件为"$\leqslant$"时，在每个约束条件的左端加上一个松弛变量。

对约束条件为"$\geqslant$"或"$=$"的情况，为便于找到初始基可行解，可以构造人工基，即对不等式约束，减去一个非负的剩余变量后再加上一个非负的人工变量，对于等式约束，再加上一个非负的人工变量，总能得到一个单位矩阵。

$$\max Z = 5x_1 + 2x_2 + 0x_3 + 0x_4 + 0x_5$$

$$\begin{cases} 30x_1 + 20x_2 + x_3 = 160 \\ 5x_1 + x_2 + x_4 = 15 \\ x_1 + x_5 = 4 \\ x_i \geqslant 0, i = 1, 2, 3, 4, 5 \end{cases}$$

反映到单纯形初表上，见表 2.6。

表 2.6　单纯形初表

C_B, X_B, b 的值			c_j 及 a_{ij} 的值				
			5	2	0	0	0
C_B	X_B	b	x_1	x_2	x_3	x_4	x_5
0	x_3	160	30	20	1	0	0
0	x_4	15	5	1	0	1	0
0	x_5	4	1	0	0	0	1
	$\sigma_i \rightarrow$		5	2	0	0	0

第二步，判断当前基可行解是否为最优解。

最优解判别定理： 若关于非基变量的所有检验数≤0，则当前基可行解就是最优解。

无穷多最优解判别定理： 若关于非基变量的所有检验数≤0，又存在某个非基变量的检验数＝0，则线性规划问题有无穷多最优解。

无界解： 如果某个 $\sigma_j > 0$，而 x_j 对应的系数列向量 P_j 中，a_{1j}，a_{2j}，…，$a_{mj} \leqslant 0$，则该线性规划问题有无界解。

第三步，基变换，求改善的基可行解，列出新的单纯形表。

1）进基变量：目标函数的典式中最大正检验数（非基变量的系数）所对应的非基变量，记 $\sigma_k = \max \{\sigma_j \mid \sigma_j > 0\}$。

2）出基变量。

$$\max Z = 5x_1 + 2x_2$$

x_1 进基，令 $x_2 = 0$，则

$$x_3 = 160 - 30x_1, \ 160/30 = 16/3$$
$$x_4 = 15 - 5x_1, \ 15/5 = 3$$
$$x_5 = 4 - x_1, \ 4/1 = 4$$

出基变量选择原则：

$$\theta = \min \left\{ \frac{b_i}{a_{ik}} \mid a_{ik} > 0 \right\} = \frac{b_l}{a_{lk}}$$

3）基变换。用 x_k 替换基变量中的 x_l，得到新的基可行解，并得到新的单纯形表。以主元素所在行为基准进行行变换。

主元素：主行和主列交叉处的元素称为主元素。

行变换见表 2.7。表中 [ ] 内的数字是主元，下同。主元可以用 [ ]、* 或其他符号标示。主元是进基列与出基列交叉的元素。

表 2.7   以主元素所在行为基准进行行变换

C_B，X_B，b 的值			c_j 及 a_{ij} 的值					θ_i
			5	2	0	0	0	
C_B	X_B	b	x_1	x_2	x_3	x_4	x_5	
0	x_3	160	30	20	1	0	0	16/3
0	x_4	15	[5]	1	0	1	0	15/5
0	x_5	4	1	0	0	0	1	4/1
	$\sigma_i \rightarrow$		5	2	0	0	0	—
0	x_3	70	0	[14]	1	−6	0	5
5	x_1	3	1	1/5	0	1/5	0	15
0	x_5	1	0	−1/5	0	−1/5	1	—
	$\sigma_i \rightarrow$		0	1	0	−1	0	—
2	x_2	5	0	1	1/14	−3/7	0	
5	x_1	2	1	0	−1/70	2/7	0	
0	x_5	2	0	0	1/70	−2/7	1	
	$\sigma_i \rightarrow$		0	0	−1/4	−4/7	0	—

$$Z^* = 20,\ \boldsymbol{X}^* = (2,\ 5,\ 0,\ 0,\ 2)^\mathrm{T}$$

用单纯形表解题的步骤如下：

1）将线性规划数学模型标准化。

2）列出单纯形初表，计算检验数 σ_j。

3）若所有的 $\sigma_j \leqslant 0$，则此时的基可行解为最优解，计算停止，否则转至步骤 4）。

4）选择最大正检验数对应的非基变量进基，$\sigma_k = \max\ \{\sigma_j \mid \sigma_j > 0\}$。

5）计算 x_k 对应的系数列向量，若 $P_k \leqslant 0$，则计算停止，问题有无界解，否则转至步骤 6）。

6）求最小比值。$\theta = \min\left\{\dfrac{b_i}{a_{ik}} \mid a_{ik} > 0\right\} = \dfrac{b_l}{a_{lk}}$，确定 x_l 为出基变量。

7）修改单纯形表，得到新的基可行解，转至步骤 3）。

【**例 2.12**】　　用单纯形法求解下列线性规划问题：

$$\max Z = 2x_1 + 3x_2$$

$$\begin{cases} x_1 + 2x_2 \leqslant 8 \\ 4x_1 \leqslant 16 \\ 4x_2 \leqslant 12 \\ x_1, x_2 \geqslant 0 \end{cases}$$

解　首先转化为标准型。

$$\max Z = 2x_1 + 3x_2 + 0x_3 + 0x_4 + 0x_5$$

$$\begin{cases} x_1 + 2x_2 + x_3 = 8 \\ 4x_1 + x_4 = 16 \\ 4x_2 + x_5 = 12 \\ x_1, x_2, x_3, x_4, x_5 \geqslant 0 \end{cases}$$

其单纯形表求解过程见表 2.8。

表 2.8　单纯形表

C_B，X_B，b 的值			c_j 及 a_{ij} 的值					θ_i
			2	3	0	0	0	
C_B	X_B	b	x_1	x_2	x_3	x_4	x_5	
0	x_3	8	1	2	1	0	0	8/2
0	x_4	16	4	0	0	1	0	—
0	x_5	12	0	[4]	0	0	1	12/4
$\sigma_i \rightarrow$			2	3	0	0	0	
0	x_3	2	[1]	0	1	0	−0.5	2/1
0	x_4	16	4	0	0	1	0	16/4
3	x_2	3	0	1	0	0	0.25	—
$\sigma_i \rightarrow$			2	0	0	0	−0.75	—
2	x_1	2	1	0	1	0	−0.5	—
0	x_4	8	0	0	−4	1	[2]	8/2
3	x_2	3	0	1	0	0	−0.25	3/0.25
$c_j - z_j$			0	0	−2	0	0.25	
2	x_1	4	1	0	0	0.25	0	—
0	x_5	4	0	0	−2	0.5	1	—
3	x_2	2	0	1	0.5	−0.12	0	—
$\sigma_i \rightarrow$			0	0	−1.5	−0.14	0	

由表 2.8 可知，最优解 $X=(4，2，0，0，4)^{\mathrm{T}}$。把最优解代入目标函数，得最优目标函数值为 $Z=2\times4+3\times2=14$。

2.6　单纯形法的进一步讨论

前面讲到在用单纯形法求解线性规划问题时，首先要得到一个初始基可行解，某些线性规划标准化后就有一个初始基可行解，但有一些标准化后没有初始基可行解，必须通过给约束条件加上人工变量来得到初始基可行解。

因为人工变量是后加入原约束条件的虚拟变量，要求将它们从基变量中逐个替换出来，若此时基变量中不再含有非零人工变量，则表明原问题有解。若在单纯形终表中检验数 $\sigma_j\leqslant0$（目标函数为 max），而其中仍有某个非零人工变量，则表明原线性规划无解。

加入人工变量的线性规划的解决方法有两种：大 M 法和两阶段法。

2.6.1　大 M 法

在一个线性规划的约束条件中加入人工变量后，要求人工变量不影响对目标函数的取值，为此假定人工变量在目标函数中的系数为 $-M$（M 为任意大的正数）。这样，目标函数要实现最大化时，必须把人工变量从基变量中换出，否则目标不可能实现最大化。

【例 2.13】　用大 M 法求下列线性规划问题：
$$\min W=15x_1+24x_2+5x_3$$
$$\begin{cases}6x_2+x_3\geqslant2\\5x_1+2x_2+x_3\geqslant1\\x_1,x_2,x_3\geqslant0\end{cases}$$

解　加上松弛变量后得
$$\begin{cases}6x_2+x_3-x_4=2\\5x_1+2x_2+x_3-x_5=1\\x_1,x_2,x_3,x_4,x_5\geqslant0\end{cases}$$

加入人工变量 x_6,x_7，变为
$$\max Z=-15x_1-24x_2-5x_3-Mx_6-Mx_7$$
$$\begin{cases}6x_2+x_3-x_4+x_6=2\\5x_1+2x_2+x_3-x_5+x_7=1\\x_i\geqslant0,i=1,\cdots,7\end{cases}$$

加入人工变量后的单纯形初表见表 2.9。

表 2.9　加入人工变量后的单纯形初表

C_B，X_B，b 的值			c_j 及 a_{ij} 的值							θ_i
			-15	-24	-5	0	0	$-M$	$-M$	
C_B	X_B	b	x_1	x_2	x_3	x_4	x_5	x_7	x_6	
$-M$	x_6	2	0	[6]	1	-1	0	0	1	2/6
$-M$	x_7	1	5	2	1	0	-1	1	0	1/2
	$\sigma_i \rightarrow$		$5M-15$	$8M-24$	$2M-5$	$-M$	$-M$	0	0	—

进行迭代运算。迭代运算结果分别见表 2.10、表 2.11 和表 2.12。

表 2.10　第一次迭代

C_B，X_B，b 的值			c_j 及 a_{ij} 的值							θ_i
			-15	-24	-5	0	0	$-M$	$-M$	
C_B	X_B	b	x_1	x_2	x_3	x_4	x_5	x_7	x_6	
-24	x_2	0.333	0	1	0.167	-0.167	0	0.167	0	—
$-M$	x_7	0.333	[5]	0	0.667	0.333	-1	-0.333	1	0.333/5
	$\sigma_i \rightarrow$		$5M-15$	0	$0.667M-1$	$0.333M-4$	$-M$	$-1.333M+4$	0	—

表 2.11　第二次迭代

C_B，X_B，b 的值			c_j 及 a_{ij} 的值							θ_i
			-15	-24	-5	0	0	$-M$	$-M$	
C_B	X_B	b	x_1	x_2	x_3	x_4	x_5	x_7	x_6	
-24	x_2	0.333	0	1	0.167	-0.167	0	0.167	0	0.333/0.167
-5	x_1	0.067	1	0	[0.133]	0.067	-0.2	-0.067	0.2	0.067/0.133
	$\sigma_i \rightarrow$		0	0	1	-3	-3	$-M+3$	$-M+3$	—

表 2.12　第三次迭代的终表

C_B，X_B，b 的值			c_j 及 a_{ij} 的值							θ_i
			-15	-24	-5	0	0	$-M$	$-M$	
C_B	X_B	b	x_1	x_2	x_3	x_4	x_5	x_7	x_6	
-24	x_2	0.25	-1.25	1	0	-0.25	0.25	0.25	-0.25	—

C_B，X_B，b 的值			c_j 及 a_{ij} 的值							θ_i
			-15	-24	-5	0	0	$-M$	$-M$	
C_B	X_B	b	x_1	x_2	x_3	x_4	x_5	x_7	x_6	
-5	x_3	0.5	7.5	0	1	-0.5	-1.5	-0.5	1.5	—
$\sigma_i\rightarrow$			-7.5	0	0	-3.5	-1.5	$-M+3.5$	$-M+1.5$	—

由表 2.12 可知，最优解 $\boldsymbol{X}^*=(0,0.25,0.5)^\mathrm{T}$，最优值 $Z^*=8.5$。

2.6.2　两阶段法

用大 M 法求解含人工变量的线性规划时，用手工计算不会遇到麻烦，但用电子计算机求解时，对于 M 就只能输入一个较大的数字，这就可能造成一种计算上的误差。为克服这个困难，将添加人工变量后的线性规划分两个阶段计算，称为两阶段法。

第一阶段：不考虑原问题是否存在基可行解，给原线性规划加入人工变量，并构造仅含人工变量的目标函数 $\min W$，然后用单纯形法求解，若得 $W=0$，说明原线性规划存在基可行解，可进行第二阶段的计算，否则停止计算。

第二阶段：将第一阶段计算得到的单纯形终表除去人工变量，将目标函数行的系数换成原线性规划的目标函数，作为第二阶段计算的初始表，然后按照单纯形法计算。

【例 2.14】　用单纯形法求解下列线性规划问题：
$$\max Z=-3x_1+x_3$$
$$\begin{cases}x_1+x_2+x_3\leqslant 4\\-2x_1+x_2-x_3\geqslant 1\\3x_2+x_3=9\\x_1,x_2,x_3\geqslant 0\end{cases}$$

解　变为标准型，需要加入人工变量 x_6，x_7：
$$\max Z=-3x_1+0x_2+x_3+0x_5-Mx_6-Mx_7$$
$$\begin{cases}x_1+x_2+x_3+x_4=4\\-2x_1+x_2-x_3-x_5+x_6=1\\3x_2+x_3+x_7=9\\x_i\geqslant 0,i=1,\cdots,7\end{cases}$$

第一阶段，构造目标函数。

$$\min W = x_6 + x_7$$

$$\begin{cases} x_1 + x_2 + x_3 + x_4 = 4 \\ -2x_1 + x_2 - x_3 - x_5 + x_6 = 1 \\ 3x_2 + x_3 + x_7 = 9 \\ x_i \geqslant 0, i = 1, \cdots, 7 \end{cases}$$

进行第一阶段的单纯形表求解，见表 2.13。

表 2.13　第一阶段单纯形表

C_B，X_B，b 的值			c_j 及 a_{ij} 的值						
			0	0	0	0	0	1	1
C_B	X_B	b	x_1	x_2	x_3	x_4	x_5	x_6	x_7
0	x_4	4	1	1	1	1	0	0	0
1	x_6	1	-2	[1]	-1	0	-1	1	0
1	x_7	9	0	3	1	1	0	0	1
$\sigma_i \rightarrow$			2	-4	0	0	1	0	0
0	x_4	3	3	0	2	1	1	-1	0
0	x_2	1	-2	1	-1	0	-1	1	0
1	x_7	6	[6]	0	4	0	3	-3	1
$\sigma_i \rightarrow$			-6	0	-4	0	-3	4	0
0	x_4	0	0	0	0	1	-1/2	1/2	-1/2
0	x_2	3	0	1	1/3	0	0	0	1/3
0	x_1	1	1	0	2/3	0	1/2	-1/2	1/6
$\sigma_i \rightarrow$			0	0	0	0	0	1	1

所有的 $\sigma_j \geqslant 0$（求极小值），且人工变量已从基变量中换出，最优基变量为 x_4，x_2，x_1，因此第一阶段的最优解为 $\boldsymbol{X}^* = (1,3,0,0,0,0,0)^T$。将最优解的单纯形表中的人工变量去掉，即可作为第二阶段的单纯形初表。$\boldsymbol{X}^0 = (1,3,0,0,0)^T$ 为第二阶段的初始基可行解。

第二阶段，将表 2.13 中的人工变量 x_6，x_7 除去，目标函数变为

$$\max Z = -3x_1 + 0x_2 + x_3 + 0x_4 + 0x_5$$

再从第一阶段所得的最优解的单纯形表出发，继续用单纯形法计算，见表 2.14。

表 2.14 第二阶段单纯形表

C_B, X_B, b 的值			c_j 及 a_{ij} 的值				
			-3	0	1	0	0
C_B	X_B	b	x_1	x_2	x_3	x_4	x_5
0	x_4	0	0	0	0	1	$-1/2$
0	x_2	3	0	1	$1/3$	0	0
-3	x_1	1	1	0	$[2/3]$	0	$1/2$
$\sigma_i \rightarrow$			0	0	3	0	$3/2$
0	x_4	0	0	0	0	1	$-1/2$
0	x_2	$5/2$	$-1/2$	1	0	0	$-1/4$
1	x_3	$3/2$	$3/2$	0	1	0	$3/4$
$\sigma_i \rightarrow$			$-9/2$	0	0	0	$-3/4$

$$\boldsymbol{X}^* = \left(0, \frac{5}{2}, \frac{3}{2}, 0, 0\right)^{\mathrm{T}}, \quad Z^* = \frac{3}{2}$$

2.6.3 单纯形法计算中的几个问题

1. 目标函数极小化时解的最优性判别

有些文献中规定求目标函数的极小化解为线性规划的标准形式,这时只需以所有检验数 $\sigma_j \geqslant 0$ 作为表中解是否最优的标志。

2. 退化

单纯形法计算中用规则确定换出变量时,有时存在两个以上相同的最小比值,这样在下一次迭代中应有一个或几个基变量等于 0,从而出现退化现象。出现退化现象的原因是模型中存在多余的约束,使多个基可行解对应同一顶点。当存在退化现象时,就可能出现循环计算。为了避免循环计算,1974 年勃兰特(Bland)提出了一种简便的规则:

1) 选取 $\sigma_j = c_j - z_j > 0$ 中下标最小的非基变量为换入变量。

2) 当计算出 θ 值存在两个或两个以上最小比值时,选取下标最小的基变量为换出变量。

3. 无可行解的判别

当线性规划问题中添加人工变量后，无论用大 M 法还是两阶段法，单纯形初表中的解因含非零人工变量，故实质上是非可行解。当求解结果中出现所有 $\sigma_j \leqslant 0$ 时，如基变量中仍含有非零的人工变量（用两阶段法求解时第一阶段的目标函数值不等于 0），表明问题无可行解。

思考与练习

1. 用图解法求解下列线性规划问题，并指出每个线性规划的结果是唯一最优解、无穷多最优解、无可行解还是无界解。

(1) $\max Z = 4x_1 + 8x_2$

$$\begin{cases} 3x_1 + 3x_2 \leqslant 15 \\ -2x_1 + 2x_2 \geqslant 16 \\ x_1, x_2 \geqslant 0 \end{cases}$$

(2) $\min Z = 11x_1 + 8x_2$

$$\begin{cases} x_1 + x_2 \geqslant 6 \\ 10x_1 + 2x_2 \geqslant 20 \\ 4x_1 + 9x_2 \geqslant 36 \\ x_1, x_2 \geqslant 0 \end{cases}$$

(3) $\max Z = 30x_1 + 57x_2$

$$\begin{cases} x_1 + 1.9x_2 \geqslant 3.8 \\ 10x_1 - 19x_2 \leqslant 38 \\ x_1 - 1.9x_2 \leqslant 10.2 \\ 10x_1 - 19x_2 \geqslant -38 \\ x_1, x_2 \geqslant 0 \end{cases}$$

(4) $\max Z = 2x_1 + 4x_2$

$$\begin{cases} x_1 + 3x_2 \geqslant 6 \\ 2x_1 + 2x_2 \geqslant 8 \\ 3x_1 + x_2 \geqslant 6 \\ x_1, x_2 \geqslant 0 \end{cases}$$

2. 思考下列线性规划问题。

$$\max Z = 55x_1 + 100x_2$$

$$\begin{cases} x_1 + x_2 \leqslant 305 \\ 2x_1 + x_2 \leqslant 410 \\ x_2 \leqslant 250 \\ x_1, x_2 \geqslant 0 \end{cases}$$

要求：

(1) 用图解法求解。

(2) 写出线性规划问题的标准形式。

(3) 求出此线性规划问题的三个松弛变量的值。

3. 现要用 100m×50cm 的板料裁剪出规格分别为 40cm×40cm 与 50cm×20cm 的零件，前者需要 25 件，后者需要 30 件。问：如何裁剪才能最省料？

4. 某大学 2021 年招收硕士生与博士生共 240 人，其中女生 150 人，男生 90 人。该所大学后勤部门要提前准备学生宿舍，经调查现有 86 间宿舍可供硕士生与博士生居住，其中可住 2 人的有 15 间，可住 3 人的有 56 间，可住 4 人的有 10 间，可住 6 人的有 5 间。为提高住房利用效率，要求每间房必须住满。问：每种房间要用多少，才能既满足住房要求，又能使腾出可作其他用途的房间数最多？

5. 某木器厂生产圆桌和衣柜两种产品，现有两种木料，第一种有 $72m^3$，第二种有 $56m^3$，假设生产每种产品都需要用两种木料，生产一张圆桌和一个衣柜所需的木料见表 2.15。生产一张圆桌可获利 6 元，生产一个衣柜可获利 10 元。木器厂在现有木料条件下，圆桌和衣柜各生产多少，才能获得最高的利润？使用图解法求解。

表 2.15　木器厂相关加工数据

产品	所需木料/m^3	
	第一种	第二种
圆桌	0.18	0.08
衣柜	0.09	0.28

6. 某工厂需用甲、乙两种原材料生产 A、B 两种产品，现有设备使用限量为 8 台时。每件产品的利润、所需设备台数及原材料的消耗数据见表 2.16。

表 2.16　利润、所需设备台数及原材料消耗数据

原材料	每种产品消耗的资源数量		可利用资源量
	A 产品	B 产品	
甲原料/kg	8	0	16
乙原料/kg	0	3	12
设备/台时	2	3	14
利润/（万元/件）	2	3	—

试问：在计划期内应如何安排才能使工厂获得最高的利润？

7. 一汽车厂生产小、中、大三种类型的汽车，已知每辆车对钢材、劳动时间、利润的需求及每月工厂钢材、劳动时间的现有量，见表 2.17，试制订月生产计划，使工厂的利润最高。

表 2.17　相关数据资料

资源	三种类型汽车的资源需求			现有资源量
	小型	中型	大型	
钢材/t	1.5	3	5	600
劳动时间/h	280	250	400	60 000
利润/万元	2	3	4	—

8. 某商店拥有 100 万元资金，准备经营 A、B、C 三种商品，其中商品 A 有 A_1、A_2 两种型号，商品 B 有 B_1、B_2 两种型号，每种商品的利润率见表 2.18。

表 2.18　每种商品的利润率

商品		利润率/%
商品种类	商品型号	
商品 A	A_1	7.3
	A_2	10.3
商品 B	B_1	6.4
	B_2	7.5
商品 C	C	4.5

在经营中有以下限制：

(1) 经营商品 A 或 B 的资金各自都不能超过总资金的 50%。

(2) 经营商品 C 的资金不能少于经营商品 B 的资金的 25%。

(3) 经营商品 A_2 的资金不能超过经营商品 A 的总资金的 60%。

试问：应怎样安排资金才能使利润最大？

9. 某公司生产两种木制玩具 A 和 B。A 玩具的售价为 27 元，使用的原材料价格为 10 元，生产一个 A 玩具该公司增加的可变劳动成本和间接成本为 14 元。B 玩具的售价为 21 元，使用的材料价格为 9 元，生产一个 B 玩具该公司增加的可变劳动成本和间接成本为 10 元。生产这两种玩具需要两种熟练劳动，即木工和抛光。A 玩具需要的抛光时间为 2h，木工劳动时间为 1h。B 玩具需要的抛光时间为 1h，木工劳动时间为 1h。该公司每周都可以获得所有需要的原材料，但抛光时间只有 100h，木工时间只有 80h。B 玩具的需求量非常大，但 A 玩具每周最多只能卖出 40 个。该公司希望每周的纯利润最大。要求：

(1) 列出数学模型。

(2) 用图解法求出玩具生产量及最大利润值。

10. 某人承揽了一项业务，需做文字标牌 2 个、绘画标牌 3 个，现有两种规格的原料，甲种规格每张 3m²，可做文字标牌 1 个、绘画标牌 2 个，乙种规格每张 2m²，可做文字标牌 2 个、绘画标牌 1 个，求两种规格的原料各用多少张，才能使总的用料面积最小。

11. 某生产基地每天需从甲和乙两仓库中提取原料用于生产，需提取的原料有：A 原料不少于 240 件，B 原料不少于 80kg，C 原料不少于 120t。已知每辆货车从甲仓库每天能运回 A 原料 4 件、B 原料 2kg、C 原料 6t，运费为每车 200元，从乙仓库每天能运回 A 原料 7 件、B 原料 2kg、C 原料 2t，运费为每车 160元。为满足生产需要，基地每天应发往甲和乙两仓库各多少辆货车，才能使总运费最少？

12. 某蔬菜收购点租用车辆，将 100t 新鲜黄瓜运往某市销售，可供租用的大卡车和农用车分别为 10 辆和 20 辆，每辆卡车载重 8t，运费 960 元，每辆农用车载重 2.5t，运费 360 元。问：两种车各租多少辆，可全部运完黄瓜，且运费最低？求出最小运费。

13. 某钢管零售商从钢管厂进货，将钢管按照顾客的需求切割后售出。从钢管厂进货时得到原料钢管的长度都是 19m。

(1) 现有一位客户需要 50 根 4m 长、20 根 6m 长和 15 根 8m 长的钢管，如何下料最节省？

(2) 如果零售商采用的切割方式太多，会导致生产过程的复杂化，从而增加生产和管理成本，所以该零售商规定采用的切割方式不能超过 3 种。此外，该客户除需要 (1) 中的三种钢管外，还需要 10 根 5m 的钢管，如何下料最节省？

14. 某企业生产甲、乙、丙三种产品，其每单位所消耗的工时分别为 1.6h、2.0h、2.5h，每单位所需原料 A 分别为 24kg、20kg、12kg，所需原料 B 分别为 14kg、10kg、18kg。生产线每月正常工作时间为 240h，原料 A、B 的总供应量限制为 2400kg 和 1500kg。生产甲、乙、丙产品各一个可分别获利 525 元、678元、812 元。

由于每单位丙产品的生产会产生 5kg 副产品丁，这些副产品丁一部分可以销售，利润为 300 元/kg，剩下的会造成污染，需要的排污费为 200 元/kg。副产品丁要求每月不超过 150kg。如何确定生产计划，可使总利润最大？

15. 某工厂生产甲、乙、丙三种产品，单位产品所需工时分别为 2h、3h、1h，单位产品所需原材料分别为 3kg、1kg、5kg，单位产品利润分别为 2 元、3元、5 元。工厂每天可利用的工时为 12h，可供应的原材料为 15kg。要求：

(1) 试确定使总利润最大的日生产计划和最大总利润。

（2）若由于原材料涨价，产品丙的单位利润比原来减少了 2 元，则原来的最优生产计划是否改变？若不变，说明原因；若变化，请求出新的最优生产计划和最优利润。

（3）在保持现行最优基不变的情况下，若增加一种资源量，应首先考虑增加哪种资源？为什么？单位资源增量所支付的费用是多少才合算？为什么？

16. 利丰公司在四个车间生产两种产品 A、B，每天的产量分别为 30 件和 120 件，利润分别是 450 元/个和 300 元/个。公司负责人希望了解是否可以通过改变这两种产品的数量提高公司的利润。公司各个车间的加工能力和制造单位产品所需的加工工时见表 2.19。

表 2.19　加工工时

车间	各类型产品数量/件		车间的加工能力（每天加工工时数）/h
	产品 A	产品 B	
车间 1	3	1	300
车间 2	2	3	550
车间 3	5	4	450
车间 4	2	3	300

要求解决下列问题：

（1）建立使该公司利润最大的数学模型。

（2）哪些车间的加工工时数已经使用完？哪些车间的加工工时数没有使用完？没有使用完的加工工时数为多少？

（3）车间 3 的加工能力增加 3h 给公司带来多少额外的利润？

（4）车间 3 的加工工时数从 450h 增加到 475h 时，总利润增加多少？这时最优产品组合是否发生了变化？

（5）当每单位产品 A 的利润从 450 元降至 425 元，而每单位产品 B 的利润从 300 元升至 325 元时，其最优产品组合（最优解）是否发生变化？

17. 表 2.20 是用单纯形法计算的某一表格，已知目标函数为 $\max Z = 28x_4 + x_5 + 2x_6$，约束形式为"$\leqslant$"，$x_1, x_2, x_3$ 为松弛变量，当前目标函数值为 14。

要求：

（1）计算 $a \sim g$ 的值。

（2）判断表 2.20 中的解是否为最优解。

表 2.20 单纯形表的某一阶段表

C_B, X_B, b 的值			a_{ij}					
C_B	X_B	b	x_1	x_2	x_3	x_4	x_5	x_6
	x_6	a	3	0	$-14/3$	0	1	1
	x_2	5	6	d	2	0	5/2	0
	x_4	0	0	e	f	1	0	0
$\sigma_i \rightarrow$			b	c	0	0	-1	g

18. 表 2.21 是某求极大化线性规划问题计算得到的单纯形表，表中无人工变量，表中字母 $a,b,c,d,e,f,g,h,j,k,r_1,r_2,r_3,s_1,s_2,s_3,t_1,t_2,t_3$ 为待定常数。试说明这些常数分别取何值时，以下结论成立，并求解其中的问题。

表 2.21 单纯形表

X_B, b 的值		a_{ij}					
X_B	b	x_1	x_2	x_3	x_4	x_5	x_6
x_3	4	h	j	r_1	s_1	k	t_1
x_4	g	-1	-3	r_2	s_2	-1	t_2
x_6	f	5	-5	r_3	s_3	-4	t_3
$\sigma_i \rightarrow$		a	b	c	d	-3	e

(1) 表中解为唯一最优解。
(2) 该线性规划问题具有无界解。
(3) 表中解非最优，为改进解，换入变量为 x_1，换出变量为 x_3。
(4) 该线性规划有多重最优解。
(5) 求 $r_1,r_2,r_3,s_1,s_2,s_3,t_1,t_2,t_3$ 的值。

19. 用单纯形法求解下列线性规划问题。

(1) $\max Z = 3x_1 + 5x_2$
$$\begin{cases} x_1 \leqslant 4 \\ 2x_2 \leqslant 12 \\ 3x_1 + 2x_2 \leqslant 18 \\ x_1, x_2 \geqslant 0 \end{cases}$$

(2) $\max Z = 2x_1 + 4x_2$
$$\begin{cases} x_1 + 2x_2 \leqslant 8 \\ x_1 \leqslant 4 \\ x_2 \leqslant 3 \\ x_1, x_2 \geqslant 0 \end{cases}$$

20. 用大 M 法和两阶段法求解下列线性规划问题。

(1) $\max Z = -3x_1 - 2x_2$　　(2) $\max Z = 3x_1 - 3x_2$

$$\begin{cases} 2x_1 + x_2 \leqslant 2 \\ 3x_1 + 4x_2 \geqslant 12 \\ x_1, x_2 \geqslant 0 \end{cases} \qquad \begin{cases} x_1 + x_2 \geqslant 1 \\ 2x_1 + 3x_2 \leqslant 6 \\ x_1, x_2 \geqslant 0 \end{cases}$$

综 合 训 练

1. 自来水输送问题

某市有甲、乙、丙、丁四个居民区，自来水由 A、B、C 三个水库供应，四个居民区每天必须得到保证的基本生活用水量分别为 30kt，70kt，10kt，10kt，但由于水源紧张，三个水库每天最多只能分别供应 50kt，60kt，50kt 自来水。由于地理位置的差别，自来水公司从各水库向各区送水所需付出的引水管理费不同（见表 2.22，其中 C 水库与丁区之间没有输水管道），其他管理费用都是 450 元/kt。根据公司规定，各区用户按照统一标准 900 元/kt 收费。此外，四个区都向公司申请了额外用水量，分别为每天 50kt，70kt，20kt，40kt。该自来水公司应如何分配供水量，才能获利最多？

表 2.22　引水管理费　　　　　　　　　　　单位：元/kt

水库	各居民区的引水管理费			
	甲	乙	丙	丁
A	160	130	220	170
B	140	130	190	150
C	190	200	230	—

2. 企业员工值班安排

某公司每天各时间段内所需的员工人数见表 2.23。

表 2.23　每天各时间段内所需员工人数

时间段	6:00~10:00	10:00~14:00	14:00~18:00	18:00~22:00	22:00~6:00（次日）
所需员工数/人	19	21	18	17	11

该企业员工上班时间分 5 个班次，每班 8h，具体上班时间为第一班 2:00—10:00，第二班 6:00—14:00，第三班 10:00—18:00，第四班 14:00—22:00，第五班 18:00—2:00（次日）。每名员工每周上 5 个班次，并被安排在不同的日子，有一名人事经理负责员工的值班安排。值班方案既要做到在人员或经济上比较节

省，又要做到尽可能合情合理。下面是一些正在考虑中的值班方案。

方案 1：每名员工连续上班 5 天，休息 2 天，并从上班第一天起按第一班到第五班顺序安排。

方案 2：考虑到按上述方案每名员工在周末（周六、周日）两天内休息安排不均匀，于是规定每名员工在周六、周日两天内安排一天且只安排一天休息，然后在周一至周五期间安排 4 个班次，同样，上班的 5 天内分别顺序安排 5 个不同班次。

在对方案 1、方案 2 建立线性规划模型并求解后，发现方案 2 虽然在安排周末休息上比较合理，但所需值班人数要比方案 1 增加较多，经济上不合算，于是又提出了方案 3。

方案 3：在方案 2 的基础上，动员一部分员工放弃周末休息，即每周在周一至周五之间由人事经理安排三天值班，加周六、周日共上五天班，同样，五天班分别安排不同班次。作为奖励，规定放弃周末休息的员工，其工资和奖金总额比其他员工增加 $a\%$。

根据上述情况，请帮助该企业的人事经理分析研究，并给出解决方案。

（1）对方案 1、2，建立值班员工人数最少的线性规划模型并求解。

（2）对方案 3，同样建立值班员工人数最少的线性规划模型并求解，然后回答（1）的值为多大时，方案 3 较方案 2 更经济。

第3章 对偶问题与灵敏度分析

3.1 线性规划的对偶问题

3.1.1 对偶问题的提出

首先通过实际例子看对偶问题的经济意义。

【例 3.1】 雅利公司利用两种设备生产两种家电产品Ⅰ和Ⅱ，家电生产后需要进行调试，两种家电消耗设备 A、B 和调试工序的相关资料见表 3.1。问：如何安排生产，公司的利润最大？

表 3.1 家电消耗资源及调试工序相关数据

生产家电所需资源及单位家电的利润	家电类型		资源限制量
	家电Ⅰ	家电Ⅱ	
设备 A/h	—	5	15
设备 B/h	6	2	24
调试工序/h	1	1	5
单位家电的利润/元	2	1	—

解 设 x_1，x_2 是两种家电Ⅰ和Ⅱ的生产数量，其线性规划问题为

(LP1) $\max Z = 2x_1 + x_2$

$$\begin{cases} 5x_2 \leqslant 15 \\ 6x_1 + 2x_2 \leqslant 24 \\ x_1 + x_2 \leqslant 5 \\ x_1, x_2 \geqslant 0 \end{cases}$$

现从另一个角度提出问题。假定有另一家公司想收购雅利公司的资源，考虑它至少应付出多大代价，才能使雅利公司愿意放弃生产活动，出让自己的资源。显然，雅利公司愿意出让自己的资源的条件是，出让代价应不低于用同等数量资

源由自己组织生产活动时获取的盈利。分别用 y_1，y_2 和 y_3 代表单位时间（h）设备 A、设备 B 和调试工序的出让代价。雅利公司用 6h 设备 B 和 1h 调试可生产一件家电 I，盈利 2 元；用 5h 设备 A、2h 设备 B 及 1h 调试可生产一件家电 II，盈利 1 元。由此，y_1,y_2,y_3 的取值应满足：

家电 I $6y_2 + y_3 \geqslant 2$

家电 II $5y_1 + 2y_2 + y_3 \geqslant 1$

又另一家公司希望用最小的代价收购雅利公司的全部资源，故有

$$\min W = 15y_1 + 24y_2 + 5y_3$$

显然，$y_i \geqslant 0$（$i = 1,2,3$），再综合上述公式，有

$$(\text{LP2}) \quad \min W = 15y_1 + 24y_2 + 5y_3$$

$$\begin{cases} 6y_2 + y_3 \geqslant 2 \\ 5y_1 + 2y_2 + y_3 \geqslant 1 \\ y_1, y_2, y_3 \geqslant 0 \end{cases}$$

上述线性规划 1（LP1）和线性规划 2（LP2）是两个线性规划问题，它们互为对偶问题。

3.1.2　对称形式下对偶问题的一般形式

满足下列条件的线性规划问题具有对称形式：其变量均具有非负约束，其约束条件当目标函数求极大值时均取"$\leqslant$"，当目标函数求极小值时均取"$\geqslant$"。

对称形式下线性规划原问题的一般形式为

$$\max Z = c_1 x_1 + c_2 x_2 + \cdots + c_n x_n$$

$$\begin{cases} a_{11}x_1 + a_{12}x_2 + \cdots + a_{1n}x_n \leqslant b_1 \\ a_{21}x_1 + a_{22}x_2 + \cdots + a_{2n}x_n \leqslant b_2 \\ \qquad\qquad\qquad \vdots \\ a_{m1}x_1 + a_{m2}x_2 + \cdots + a_{mn}x_n \leqslant b_m \\ x_j \geqslant 0, j = 1, \cdots, n \end{cases}$$

用 $y_i(i = 1, \cdots, m)$ 代表第 i 种资源的估价，则其对偶问题的一般形式为

$$\min W = b_1 y_1 + b_2 y_2 + \cdots + b_m y_m$$

$$\begin{cases} a_{11}y_1 + a_{12}y_2 + \cdots + a_{m1}y_m \geqslant c_1 \\ a_{21}y_1 + a_{22}y_2 + \cdots + a_{m2}y_m \geqslant c_2 \\ \qquad\qquad\qquad \vdots \\ a_{1n}y_1 + a_{2n}y_2 + \cdots + a_{mn}y_m \geqslant c_n \\ y_i \geqslant 0, i = 1, \cdots, m \end{cases}$$

用矩阵形式表示，对称形式的线性规划问题的原问题为

$$\max Z = CX$$
$$\begin{cases} AX \leqslant b \\ X \geqslant 0 \end{cases}$$

其对偶问题为

$$\min W = Yb$$
$$\begin{cases} A'Y \geqslant C \\ Y \geqslant 0 \end{cases}$$

上述对偶问题中令 $W' = -W$，可改写为

$$\max W' = -Y'b$$
$$\begin{cases} -A'Y \leqslant -C' \\ Y \geqslant 0 \end{cases}$$

如将其作为原问题，则它的对偶问题为

$$\min Z' = -CX$$
$$\begin{cases} -AX \geqslant -b \\ X \geqslant 0 \end{cases}$$

再令 $Z' = -Z$，则上式可改写为

$$\min Z = -CX$$
$$\begin{cases} -AX \geqslant -b \\ X \geqslant 0 \end{cases}$$

可见，对偶问题的对偶即原问题。

如何求出原问题的对偶问题呢？

1. 原问题与对偶问题的关系

1）一个问题求最大值，另一个求最小值。如果原问题是最大化问题，则其对偶问题就是最小化问题；反之，如果原问题是最小化问题，则其对偶问题就是最大化问题。

2）最大化问题中，约束条件为"$\leqslant$"；最小化问题中，约束条件为"$\geqslant$"。如果原问题是最大化问题，则把所有的约束条件化为"$\leqslant$"；如果原问题是最小化问题，则把所有的约束条件化为"$\geqslant$"。

3）原问题中有 n 个变量 x_i，可以知道对偶问题中有 n 个约束条件；原问题中有 m 个约束条件，可以知道对偶问题中有 m 个变量 y_j。

4）原问题目标函数中变量的系数就是对偶问题约束条件的常数项；原问题

中约束条件的常数项就是对偶问题目标函数中变量的系数。也就是把原问题的目标函数的系数对应转换成对偶问题约束条件右边的常数项（例如，原问题的 c_1 对应于对偶问题第一个约束条件右边的常数项）。

5）两个互为对偶问题的约束条件的系数矩阵互为转置。

2. 非对称形式的对偶线性规划问题

1）如果原问题的约束条件是等式约束，则它的对偶问题的对应变量无约束。

2）如果原问题的决策变量无非负限制（或无约束），则它的对偶问题对应于该变量的约束条件应取等式。

3. 一般形式的线性规划的对偶问题

如果给定的原问题是 max，则把所有的约束条件化为"$\leqslant$"；如果给定的原问题是 min，则把所有的约束条件化为"$\geqslant$"。约束条件是等号的不动，再按原问题与对偶问题之间的关系、非对称形式的对偶线性规划的要求调整。

【例 3.2】　求下列线性规划问题的对偶问题：

$$\max Z = 6x_1 + 4x_2 + x_3$$

$$\begin{cases} 3x_1 + 7x_2 + 8x_3 + x_4 = 20 \\ 2x_1 + x_2 + 3x_3 + 2x_4 \leqslant 15 \\ 5x_1 + 3x_2 + x_4 \geqslant 18 \\ x_1, x_2, x_3 \geqslant 0, x_4 \text{ 无非负限制} \end{cases}$$

解　第一步，把第三个约束条件变为"$\leqslant$"，两边同时乘以 -1，即

$$-5x_1 - 3x_2 - x_4 \leqslant -18$$

则原问题变为

$$\max Z = 6x_1 + 4x_2 + x_3 + 5x_4$$

$$\begin{cases} 3x_1 + 7x_2 + 8x_3 + x_4 = 20 & \quad y_1 \\ 2x_1 + x_2 + 3x_3 + 2x_4 \leqslant 15 & \quad y_2 \\ -5x_1 - 3x_2 - x_4 \leqslant -18 & \quad y_3 \\ x_1, x_2, x_3 \geqslant 0, x_4 \text{ 无非负限制} \end{cases}$$

在第一个约束条件后面写出此约束条件的对偶变量 y_1（也可以不实际写出），在第二个约束条件后面写出此约束条件的对偶变量 y_2，以此类推。注意：非负约束条件后面不写对偶变量。上例中有三个约束条件，即有对应的三个对偶变量 y_1，y_2，y_3。

第二步，把 x_1 的系数列向量 $\begin{bmatrix} 3 \\ 2 \\ -5 \end{bmatrix}$ 的分量与 $\begin{bmatrix} y_1 \\ y_2 \\ y_3 \end{bmatrix}$ 对应相乘、相加，即 $3 \times y_1 + 2 \times y_2 + (-5) \times y_3 = 3y_1 + 2y_2 - 5y_3$，使之大于等于目标函数的第一个系数 6（$x_1$ 的系数），即 $3y_1 + 2y_2 - 5y_3 \geqslant 6$，即为对偶问题的第一个约束条件。其他类似，可得到

$$\begin{cases} 3y_1 + 2y_2 - 5y_3 \geqslant 6 \\ 7y_1 + y_2 - 3y_3 \geqslant 4 \\ 8y_1 + 3y_2 \geqslant 1 \\ y_1 + 2y_2 - y_3 \geqslant 5 \end{cases}$$

第三步，把原约束条件右边的常数项 $\begin{bmatrix} 20 \\ 15 \\ -18 \end{bmatrix}$ 与 $\begin{bmatrix} y_1 \\ y_2 \\ y_3 \end{bmatrix}$ 对应相乘、相加，即 $20 \times y_1 + 15 \times y_2 + (-18) \times y_3 = 20y_1 + 15y_2 - 18y_3$，将其作为对偶问题的目标函数，即

$$\min W = 20y_1 + 15y_2 - 18y_3$$

第四步，因为原问题的第一个约束条件是等号，所以对偶变量 y_1 应是无非负限制的。因为原问题的 x_4 是无非负限制的，所以对偶问题的第四个约束条件是等号。因此，原问题的对偶问题为

$$\min W = 20y_1 + 15y_2 - 18y_3$$

$$\begin{cases} 3y_1 + 2y_2 - 5y_3 \geqslant 6 \\ 7y_1 + y_2 - 3y_3 \geqslant 4 \\ 8y_1 + 3y_2 \geqslant 1 \\ y_1 + 2y_2 - y_3 = 5 \\ y_1 \text{ 无约束}, y_2, y_3, y_4 \geqslant 0 \end{cases}$$

注意：因为对偶问题是 min，所以其约束条件统一化为"$\leqslant$"。

也可以按表 3.2 中的对应关系写出原问题的对偶问题。

表 3.2　原问题与对偶问题转化对应关系

原问题（或对偶问题）	对偶问题（或原问题）
目标函数 max	目标函数 min
约束条件为 m 个	对偶变量的个数为 m 个

续表

原问题（或对偶问题）	对偶问题（或原问题）
约束条件为"$\leqslant$"	相应的对偶变量 $y_i \geqslant 0$
约束条件为"$=$"	相应的对偶变量 y_i 无非负限制
变量 x_i 的个数为 n	约束条件的个数为 n
变量 $x_i \geqslant 0$	相应的约束条件为"$\geqslant$"
变量 x_i 无非负限制	相应的约束条件为"$=$"

【例 3.3】　写出下述线性规划问题的对偶问题：

$$\max Z = x_1 + 4x_2 + 3x_3$$

$$\begin{cases} 2x_1 + 3x_2 - 5x_3 \leqslant 2 \\ 3x_1 - x_2 + 6x_3 \geqslant 1 \\ x_1 + x_2 + x_3 = 4 \\ x_1 \geqslant 0, x_2 \leqslant 0, x_3 无约束 \end{cases}$$

解　思路是先将其转换成对称形式，再按表 3.2 中的对应关系来写。

设 $x_2 = -x_2'$，$x_2' \geqslant 0$，其对偶问题为

$$\max Z = x_1 - 4x_2' + 3x_3$$

$$\begin{cases} 2x_1 - 3x_2' - 5x_3 \leqslant 2 \\ -3x_1 - x_2' - 6x_3 \leqslant -1 \\ x_1 - x_2' + x_3 = 4 \\ x_1 \geqslant 0, x_2' \geqslant 0, x_3 无约束 \end{cases}$$

其对偶问题为

$$\min W = 2y_1 - y_2 + 4y_3$$

$$\begin{cases} 2y_1 - 3y_2 + y_3 \geqslant 1 \\ -3y_1 - y_2 - y_3 \geqslant -4 \\ -5y_1 - 6y_2 + y_3 = 3 \\ y_1 \geqslant 0, y_2 \geqslant 0, y_3 无约束 \end{cases}$$

将对称或不对称线性规划原问题与对偶问题的对应关系统一归纳，见表 3.3。

表 3.3　原问题与对偶问题的对应关系

问题	原问题（对偶问题）	对偶问题（原问题）
A	约束系数矩阵	约束条件系数矩阵的转置

续表

问题	原问题（对偶问题）	对偶问题（原问题）
b	约束条件右端项向量	目标函数中的价格系数向量
C	目标函数中的价格系数向量	约束条件右端项向量
目标函数	$\max Z = \sum_{j=1}^{n} c_j x_j$	$\min W = \sum_{i=1}^{m} b_i y_i$
变量	$\begin{cases} x_j \ (j=1,2,\cdots,n) \\ x_j \geqslant 0 \\ x_j \leqslant 0 \\ x_j \ 无约束 \end{cases}$	有 n 个 $(j=1,2,\cdots,n)$ $\left.\begin{cases} \sum_{i=1}^{m} a_{ij} y_i \geqslant c_j \\ \sum_{i=1}^{m} a_{ij} y_i \leqslant c_j \\ \sum_{i=1}^{m} a_{ij} y_i = c_j \end{cases}\right\}$ 约束条件
约束条件	有 m 个 $(j=1,2,\cdots,m)$ $\left.\begin{cases} \sum_{j=1}^{n} a_{ij} x_j \leqslant b_i \\ \sum_{j=1}^{n} a_{ij} x_j \geqslant b_i \\ \sum_{j=1}^{n} a_{ij} x_j = b_i \end{cases}\right\}$ 约束条件	变量 $\begin{cases} y_i \ (i=1,2,\cdots,m) \\ y_i \geqslant 0 \\ y_i \leqslant 0 \\ y_i \ 无约束 \end{cases}$

3.2　对偶问题的基本性质

本节的讨论先假定原问题及对偶问题为对称形式的线性规划问题，即原问题为

$$\max Z = CX$$
$$\begin{cases} AX \leqslant B \\ X \geqslant 0 \end{cases}$$

其对偶问题为

$$\min W = Yb$$
$$\begin{cases} YA \geqslant C \\ Y \geqslant 0 \end{cases}$$

然后说明对偶问题的基本性质在非对称形式中也适用。

对偶问题的基本性质如下。

（1）弱对偶性

如果 $\overline{x}_i$ （$i=1$，$\cdots$，n）是原问题的可行解，$\overline{y}_j$ （$j=1$，$\cdots$，m）是其对偶问题的可行解，则恒有

$$\sum_{i=1}^{n} c_i \overline{x}_i \leqslant \sum_{j=1}^{m} b_j \overline{y}_j$$

证明：由目标和约束不等式易得。

由弱对偶性可得出以下推论：

1）原问题任一可行解的目标函数值是其对偶问题目标函数值的下界；反之，对偶问题任一可行解的目标函数值是其原问题目标函数值的上界。

2）如原问题有可行解且目标函数值无界（具有无界解），则其对偶问题无可行解；反之，对偶问题有可行解且目标函数值无界，则其原问题无可行解。（注意：本推论的逆不成立，当对偶问题无可行解时，其原问题或具有无界解或无可行解，反之亦然。）

3）若原问题有可行解而其对偶问题无可行解，则原问题目标函数值无界；反之，对偶问题有可行解而其原问题无可行解，则对偶问题的目标函数值无界。

（2）最优性

如果 $\hat{x}_j$（$j=1,\cdots,n$）是原问题的可行解，$\hat{y}_i$（$i=1,\cdots,m$）是其对偶问题的可行解，且有

$$\sum_{j=1}^{n} c_j \hat{x}_j = \sum_{i=1}^{m} b_i \hat{y}_i$$

则 $\hat{x}_j$（$j=1,\cdots,n$）是原问题的最优解，$\hat{y}_i$（$i=1,\cdots,m$）是对偶问题的最优解。

（3）对偶定理

若原问题及其对偶问题均具有可行解，则两者均具有最优解，且它们最优解的目标函数值相等。

证明：由于两者均有可行解，根据弱对偶性的推论 1），原问题的目标函数值具有上界，对偶问题的目标函数值具有下界，因此两者均具有最优解。当原问题为最优解时，其对偶问题的解为可行解，且有 $Z=W$，由最优性知，这时两者的解均为最优解。

（4）对偶问题的最优解

若 $\boldsymbol{B}$ 是原问题的最优可行基，则其对偶问题的最优解 $\boldsymbol{Y}^* = \boldsymbol{C}_B \boldsymbol{B}^{-1}$。

$$\max Z = \boldsymbol{CX}$$

$$\begin{cases} \boldsymbol{AX} \leqslant \boldsymbol{b} \\ \boldsymbol{X} \geqslant \boldsymbol{0} \end{cases}$$

加入松弛变量 X_s，设可行基 B 是系数矩阵 A 中前 m 列，I 是 m 阶单位矩阵，N 是非基矩阵，则其单纯形初表见表 3.4。

表 3.4　单纯形初表

	X_B	X_N	X_s	b
X_B	B	N	I	b
C	C_B	C_N	0	0

经过迭代后的单纯形表见表 3.5。

表 3.5　迭代后的单纯形表

	X_B	X_N	X_s	b
X_B	I	$B^{-1}N$	B^{-1}	$B^{-1}b$
C	0	$C_N-C_BB^{-1}N$	$-C_BB^{-1}$	$-C_BB^{-1}b$

1）极大值规范形式的数学模型，初始表有一个单位矩阵，对于任意可行基 B，通过求基可行解后初始表中单位矩阵对应的位置就是逆矩阵 B^{-1}。

2）松弛变量 X_s 的检验数 $-C_BB^{-1}$ 乘以 -1 后就是对偶问题决策变量 Y 的一个基本解，原问题决策变量 X 对应的检验数乘以 -1 后就是对偶变量 Y_s 的一个基本解。如果 B 是最优基，则 $Y^*=C_BB^{-1}$ 就是对偶问题的最优解。

例如，某线性规划的单纯形初表见表 3.6。

表 3.6　单纯形初表

X_B	b	X_N			X_s	
		x_1	x_2	x_3	x_4	x_5
x_4	120	4	3	6	1	0
x_5	100	2	4	5	0	1
$\sigma_i \rightarrow$		4	5	3	0	0

经过几次迭代后的终表见表 3.7。

表 3.7　迭代后的终表

X_B	b	X_N			X_s	
		x_1	x_2	x_3	x_4	x_5
x_1	16	1	0	9/10	3/5	$-3/10$
x_2	18	0	1	4/5	$-1/5$	2/5
$\sigma_i \rightarrow$		0	0	$-23/5$	$-3/5$	$-4/5$

初始表中 x_4,x_5 列对应单位矩阵，则从终表中可知 $\boldsymbol{B}^{-1} = \begin{bmatrix} \dfrac{3}{5} & -\dfrac{3}{10} \\ -\dfrac{1}{5} & \dfrac{2}{5} \end{bmatrix}$。

从表 3.7 所示的终表中可知，x_4,x_5 的检验数的相反数是 $\dfrac{3}{5},\dfrac{4}{5}$，而对偶问题的最优解为

$$\boldsymbol{Y}^* = \boldsymbol{C}_B\boldsymbol{B}^{-1} = (4,5)\begin{bmatrix} \dfrac{3}{5} & -\dfrac{3}{10} \\ -\dfrac{1}{5} & \dfrac{2}{5} \end{bmatrix} = \begin{bmatrix} \dfrac{7}{5} & \dfrac{4}{5} \end{bmatrix}$$

（5）互补松弛性

在线性规划问题的最优解中，如果对应某一约束条件的对偶变量值为非零，则该约束条件取严格等式；反之，如果约束条件取严格不等式，则其对应的对偶变量一定为零。也即：

若 $y_i^* \geqslant 0$，则有 $\sum\limits_{j=1}^{n} a_{ij}x_j^* = b_i$，则该约束条件的松弛变量 $x_{si} = 0$；

若 $\sum\limits_{j=1}^{n} c_j x_j^* < b_j$，即 $x_{si} > 0$，则有 $y_i^* = 0$。

因此，一定有 $x_{si} \cdot y_i^* = 0$。

上述针对对称形式证明的对偶问题的性质，同样适用于非对称形式。如本章例 3.3 中，又 $\boldsymbol{X}^0 = (2,0,2)^T$ 是原问题的可行解，$\boldsymbol{Y}^0 = \left(\dfrac{1}{8},0,\dfrac{29}{8}\right)$ 是其对偶问题的可行解，由弱对偶性一定有 $\boldsymbol{CX}^0 = 8 < \boldsymbol{Y}^0\boldsymbol{b} = \dfrac{59}{4}$。因为两者均具有可行解，所以原问题和对偶问题均存在最优解。又在该例中 $\boldsymbol{X}^1 = (0,0,4)^T$，$\boldsymbol{Y}^1 = (0,0,3)$ 分别是两个问题的可行解，且 $\boldsymbol{CX}^1 = 12 = \boldsymbol{Y}^1\boldsymbol{b}$，故 $\boldsymbol{X}^1$，$\boldsymbol{Y}^1$ 分别是两个问题的最优解。将 $\boldsymbol{X}^1 = (0,0,4)^T$ 代入例 3.3 原问题的约束条件，因原问题的

第一个、第二个约束条件取严格不等式，故根据互补松弛性，有 $y_1=0$，$y_2=0$，将其代入对偶问题的约束条件，即得 $y_3=3$，由此也可推出 $\boldsymbol{Y}^1=(0,0,3)$ 是其对偶问题的最优解。

【例 3.4】　已知线性规划

$$\max Z = 3x_1 + 4x_2 + x_3$$

$$\begin{cases} x_1 + 2x_2 + x_3 \leqslant 10 \\ 2x_1 + 2x_2 + x_3 \leqslant 16 \\ x_j \geqslant 0, j=1,2,3 \end{cases}$$

的最优解是 $\boldsymbol{X}^*=(6,2,0)^{\mathrm{T}}$，利用互补松弛性求其对偶问题的最优解 $\boldsymbol{Y}^*$。

解　写出原问题的对偶问题，即

$$\min W = 10y_1 + 16y_2$$

$$\begin{cases} y_1 + 2y_2 \geqslant 3 \\ 2y_1 + 2y_2 \geqslant 4 \\ y_1 + y_2 \geqslant 1 \\ y_1, y_2 \geqslant 0 \end{cases}$$

因为已知最优解是 $\boldsymbol{X}^*=(6,2,0)^{\mathrm{T}}$，即 $x_1=6>0$，$x_2=2>0$，所以对偶问题的第一、第二个约束的松弛变量等于零，即对偶问题的第一、第二个约束条件左边正好等于右边的常数项，代入方程，得

$$\begin{cases} y_1 + 2y_2 = 3 \\ 2y_1 + 2y_2 = 4 \end{cases}$$

解此线性方程组，得 $y_1=1$，$y_2=1$，从而对偶问题的最优解为 $\boldsymbol{Y}^*=(1,1)$，最优值 $W=26$。

3.3　单纯形法计算的矩阵描述

线性规划问题的矩阵表达式加上松弛变量后为

$$\max Z = \boldsymbol{CX} + \boldsymbol{0X}_{\mathrm{s}}$$

$$\begin{cases} \boldsymbol{AX} + \boldsymbol{IX}_{\mathrm{s}} = \boldsymbol{b} \\ \boldsymbol{X} \geqslant \boldsymbol{0}, \ \boldsymbol{X}_{\mathrm{s}} \geqslant \boldsymbol{0} \end{cases} \tag{3.1}$$

式中，$\boldsymbol{X}_{\mathrm{s}}$ 为松弛变量，$\boldsymbol{X}_{\mathrm{s}}=(x_{n+1}, x_{n+2}, \cdots, x_{n+m})^{\mathrm{T}}$，$\boldsymbol{I}$ 为 $m \times m$ 单位矩阵。

单纯形法计算时，总选取 $\boldsymbol{I}$ 为初始基矩阵，对应基变量为 $\boldsymbol{X}_{\mathrm{s}}$。设迭代若干步后，基变量为 $\boldsymbol{X}_B$，$\boldsymbol{X}_B$ 在单纯形初表中的系数矩阵为 $\boldsymbol{B}$。将 $\boldsymbol{B}$ 在单纯形初表中单独列出，而 $\boldsymbol{A}$ 中去掉若干列后剩下的列组成矩阵 $\boldsymbol{N}$，这样式（3.1）的单纯

形初表可列成表 3.8 所示的形式。

表 3.8　单纯形初表

基变量的 C_B 系数列	基变量列	b 值列	非基变量		基变量
			X_B	X_N	X_s
0	X_s	b	B	N	I
$c_j - z_j \rightarrow$			C_B	C_N	0

当迭代若干步，基变量为 X_B 时，则该步的单纯形表中由 X_B 系数组成的矩阵为 I。又因单纯形法的迭代是对约束条件的增广矩阵进行一系列的初等变换，对应 X_s 的系数矩阵在新表中应为 B^{-1}，故当基变量为 X_B 时，新的单纯形表具有表 3.9 所示的形式。

表 3.9　新单纯形表

基变量的 C_B 系数列	基变量列	b 值列	基变量	非基变量	
			X_B	X_N	X_s
C_B	X_B	$B^{-1}b$	I	$B^{-1}N$	B^{-1}
$c_j - z_j \rightarrow$			0	$C_N - C_B B^{-1} N$	$-C_B B^{-1}$

从表 3.8 和表 3.9 中可以看出，当迭代后基变量为 X_B 时，其在单纯形初表中的系数矩阵为 B，则有：

1) 对应单纯形初表中的单位矩阵 I，迭代后在单纯形表中为 B^{-1}。

2) 单纯形初表中基变量 $X_s = b$，迭代后的表中 $X_B = B^{-1}b$。

3) 单纯形初表中约束系数矩阵为 $(B^{-1}A, B^{-1}I) = (B^{-1}B, B^{-1}N, B^{-1}I)$，迭代后的表中约束系数矩阵为 $(B^{-1}A, B^{-1}I) = (B^{-1}B, B^{-1}N, B^{-1}I) = (I, B^{-1}N, B^{-1})$。

4) 若初始矩阵中变量 x_j 的系数向量为 P_j，迭代后为 P'_j，则有

$$P'_j = B^{-1}P_j \tag{3.2}$$

5) 当 B 为最优基时，在表 3.9 中应有

$$C_N - C_B B^{-1} N \leqslant 0 \tag{3.3}$$

$$-C_B B^{-1} \leqslant 0 \tag{3.4}$$

因 x_B 的检验数可写为

$$C_B - C_B I = 0 \tag{3.5}$$

故式（3.3）和式（3.4）可改写为

$$C - C_B B^{-1} A \leqslant 0 \tag{3.6}$$

$$-C_B B^{-1} \leqslant 0 \tag{3.7}$$

$C_B B^{-1}$ 称为单纯乘子，若令 $Y = C_B B^{-1}$，则式（3.6）、式（3.7）可改写为

$$\begin{cases} YA \geqslant C \\ Y \geqslant 0 \end{cases} \tag{3.8}$$

这时，从检验数行看出，若取此检验数的相反数，恰好是其对偶问题的一个可行解，将这个解代入对偶问题的目标函数值，有

$$W = Yb = C_B B^{-1} b = Z \tag{3.9}$$

由式（3.9）可以看出，当原问题有最优解时，对偶问题有可行解，且两者具有相同的目标函数值。根据对偶问题的基本性质可知此时对偶问题的解也为最优解。

下面通过例 3.5 说明两个问题的变量及解之间的对应关系。

【例 3.5】　　以下为两个互为对偶的线性规划问题。

原问题：
$$\max Z = 2x_1 + x_2$$
$$\begin{cases} 5x_2 \leqslant 15 \\ 6x_1 + 2x_2 \leqslant 24 \\ x_1 + x_2 \leqslant 4 \\ x_j \geqslant 0, j = 1, 2 \end{cases}$$

对偶问题：
$$\min W = 15y_1 + 24y_2 + 4y_3$$
$$\begin{cases} 6y_1 + y_3 \geqslant 2 \\ 5y_1 + 2y_2 + y_3 \geqslant 1 \\ y_i \geqslant 0, i = 1, 2, 3 \end{cases}$$

分别将原问题与对偶问题加上松弛变量。

解　将原问题与对偶问题加上松弛变量，形式如下。

原问题：
$$\min Z = 2x_1 + x_2 + 0x_3 + 0x_4 + 0x_5$$
$$\begin{cases} 5x_2 + x_3 = 15 \\ 6x_1 + 2x_2 + x_4 = 24 \\ x_1 + x_2 + x_5 = 4 \\ x_j \geqslant 0, j = 1, 2, 3, 4, 5 \end{cases}$$

对偶问题：
$$\min W = 15y_1 + 24y_2 + 4y_3 + 0y_4 + 0y_5$$
$$\begin{cases} 6y_1 + y_3 - y_4 = 2 \\ 5y_1 + 2y_2 + y_3 - y_5 = 1 \\ y_i \geqslant 0, i = 1, 2, 3, 4, 5 \end{cases}$$

用单纯形法和两阶段法求得两个问题的单纯形终表，分别见表 3.10 和表 3.11。

表 3.10 用单纯形法求得的终表

X_B	b	原问题变量		原问题松弛变量		
		x_1	x_2	x_3	x_4	x_5
x_3	15/2	0	0	1	5/4	$-15/2$
x_1	7/2	1	0	0	1/4	$-1/2$
x_2	3/2	0	1	0	$-1/4$	3/2
$c_j-z_j\rightarrow$		0	0	0	1/4	1/2
—		对偶问题的剩余变量		对偶问题变量		
		y_4	y_5	y_1	y_2	y_3

表 3.11 用两阶段法求得的终表

Y_B	b	对偶问题变量		对偶问题剩余变量		
		y_1	y_2	y_3	y_4	y_5
y_2	1/4	$-5/4$	1	0	$-1/4$	1/4
y_3	1/2	15/2	0	1	1/2	$-3/2$
$c_j-z_j\rightarrow$		15/2	0	0	7/2	3/2
—		原问题松弛变量		原问题变量		
		x_3	x_4	x_5	x_1	x_2

从表 3.10 和表 3.11 中可以清楚地看出两个问题变量之间的对应关系，只需求解其中一个问题，即可从最优解的单纯形表中得到另一个问题的最优解。

【例 3.6】 已知线性规划

$$\max Z = x_1 + 2x_2 + x_3$$
$$\begin{cases} 2x_1 - 3x_2 + 2x_3 + x_4 = 15 \\ \frac{1}{3}x_1 + x_2 + 5x_3 + x_5 = 20 \\ x_j \geq 0, j = 1, \cdots, 5 \end{cases}$$

的可行基 $B_1 = \begin{bmatrix} 2 & -3 \\ \frac{1}{3} & 1 \end{bmatrix}$。

求解：

1）基可行解及目标值。

2）求 σ_3。

3）B_1 是否为最优基？为什么？

解　1）因为 $\boldsymbol{B}_1$ 由系数矩阵 $\boldsymbol{A}$ 中的第一列、第二列组成，所以 x_1，x_2 为基变量，x_3，x_4，x_5 为非基变量，则

$$\boldsymbol{C}_B = (c_1, c_2) = (1,2), \boldsymbol{C}_N = (c_3, c_4, c_5) = (1,0,0)$$

$$\boldsymbol{B}_1^{-1} = \begin{bmatrix} \dfrac{1}{3} & 1 \\ -\dfrac{1}{9} & \dfrac{2}{3} \end{bmatrix}$$

基变量的解为

$$\boldsymbol{X}_B = \begin{bmatrix} x_1 \\ x_2 \end{bmatrix} = \boldsymbol{B}^{-1} \boldsymbol{b} = \begin{bmatrix} \dfrac{1}{3} & 1 \\ -\dfrac{1}{9} & \dfrac{2}{3} \end{bmatrix} \cdot \begin{bmatrix} 15 \\ 20 \end{bmatrix} = \begin{bmatrix} 25 \\ \dfrac{35}{3} \end{bmatrix}$$

故基可行解及目标函数值为

$$\boldsymbol{X} = \left(25, \dfrac{35}{3}, 0, 0, 0\right)^{\mathrm{T}}$$

$$\boldsymbol{Z}_0 = \boldsymbol{C}_B \boldsymbol{B}^{-1} \boldsymbol{b} = \boldsymbol{C}_B \boldsymbol{X}_B = (1,2) \begin{bmatrix} 25 \\ \dfrac{35}{3} \end{bmatrix} = \dfrac{145}{3}$$

2）求 σ_3。

$$\boldsymbol{P}_3 = \begin{bmatrix} 2 \\ 5 \end{bmatrix}, \boldsymbol{C}_B \boldsymbol{B}^{-1} \boldsymbol{P}_3 = \begin{bmatrix} \dfrac{1}{9}, & \dfrac{7}{3} \end{bmatrix} \begin{bmatrix} 2 \\ 5 \end{bmatrix} = \dfrac{107}{9}$$

$$\sigma_3 = c_3 - \boldsymbol{C}_B \boldsymbol{B}^{-1} \boldsymbol{P}_3 = 1 - \dfrac{107}{9} = -\dfrac{98}{9}$$

3）要判断 B_1 是否为最优基，则要求出所有检验数是否满足 $\sigma_j \leqslant 0, j = 1, \cdots, 5$。$x_1, x_2$ 是基变量，故 $\sigma_1 = 0, \sigma_2 = 0$，而 $\sigma_3 = -\dfrac{98}{9} < 0$，接下来求 σ_4, σ_5。根据式 (3.3) 求 σ_N，得

$$(\sigma_4, \sigma_5) = (c_4, c_5) - \boldsymbol{C}_B \boldsymbol{B}^{-1}(\boldsymbol{P}_4, \boldsymbol{P}_5)$$

$$= (0,0) - \left(\dfrac{1}{9}, \dfrac{7}{3}\right) \begin{bmatrix} 1 & 0 \\ 0 & 1 \end{bmatrix}$$

$$= \left(-\dfrac{1}{9}, -\dfrac{7}{3}\right)$$

因 $\sigma_j \leqslant 0, j = 1, \cdots, 5$，故 $\boldsymbol{B}_1$ 是最优基。

3.4　影子价格

从 3.2 节对偶问题的基本性质可以看出，当线性规划原问题求得最优解 $x_j^*(j=1,\cdots,n)$ 时，其对偶问题也得到最优解 $y_i^*(i=1,\cdots,m)$，代入各自的目标函数后有

$$Z^* = \sum_{j=1}^n c_j x_j^* = \sum_{i=1}^m b_i y_i^* \qquad\qquad (3.10)$$

式中，b_i 是线性规划原问题约束条件的右端项，代表第 i 种资源的拥有量；对偶变量 y_i^* 代表在资源最优利用条件下对单位第 i 种资源的估价。这种估价不是资源的市场价格，而是根据资源在生产中做出的贡献而作的估价，为与市场价格区别开，称为影子价格（shadow price）。

1）资源的市场价格是已知数，相对比较稳定，而它的影子价格则有赖于资源的利用情况，是未知数。由于企业生产任务、产品结构等情况发生变化，资源的影子价格也随之改变。

2）影子价格是一种边际价格。在式（3.10）中对 Z 求 b_i 的偏导数得 $\dfrac{\partial Z^*}{\partial b_i} = y_i^*$，这说明，$y_i^*$ 的值相当于在资源得到最优利用的生产条件下，b_i 每增加一个单位时目标函数 Z 的增量。

3）资源的影子价格实际上又是一种机会成本。在纯市场经济条件下，当某种资源的市场价格低于影子价格时，可以买进这种资源；相反，当市场价格高于影子价格时，就会卖出这种资源。随着资源的买进卖出，它的影子价格也将发生变化，直到影子价格与市场价格保持同等水平，才处于平衡状态。

4）在对偶问题的互补松弛性质中，当 $\sum\limits_{j=1}^n a_{ij}x_j < b_i$ 时 $y_i = 0$，当 $y_i > 0$ 时有 $\sum\limits_{j=1}^n a_{ij}x_j = b_i$，这表明生产过程中如果某种资源 b_i 未得到充分利用，该种资源的影子价格为零，当资源的影子价格不为零时表明该种资源在生产中已耗费完毕。

5）从影子价格的含义来考察单纯形表的计算。

$$\sigma_j = c_j - \boldsymbol{C}_B \boldsymbol{B}^{-1} \boldsymbol{P}_j = c_j - \sum_{i=1}^m a_{ij}y_i$$

式中，c_j 代表第 j 种产品的产值；$\sum\limits_{i=1}^m a_{ij}y_i$ 是生产该种产品所消耗各项资源的影子价格的总和，即产品的隐含成本。当产品产值大于隐含成本时，表明生产该产

品有利，可在计划中安排，否则，用这些资源生产其他产品更有利，就不在生产计划中安排。这就是单纯形表中各个检验数的经济意义。

6）一般来说，对线性规划问题的求解是确定资源的最优分配方案，而对于对偶问题的求解则是确定对资源的恰当估价，这种估价直接涉及资源的最有效利用。例如，在一家大公司内部，可借助资源的影子价格确定一些内部结算价格，以便控制有限资源的使用和考核下属企业经营的好坏。又如，在社会上，对一些最紧缺的资源，借助影子价格规定使用这种资源一单位时必须上交的利润额，以使一些经济效益低的企业自觉地节约使用紧缺资源，使有限的资源发挥更大的经济效益。

3.5　对偶单纯形法

3.5.1　对偶单纯形法的基本思路

求解线性规划的单纯形法的思路是：对原问题的一个基可行解，判别是否所有检验数 $\sigma_j = c_j - z_j \leqslant 0 (j=1,\cdots,n)$。若是，因基变量中无非零人工变量，即找到了问题最优解；若否，则找出相邻的目标函数值更大的基可行解，并继续判别。只要存在最优解，就一直循环找下去，直到找出最优解为止。

根据对偶问题的性质，因为 $\sigma_j = c_j - z_j = c_j - \boldsymbol{C}_B \boldsymbol{B}^{-1} \boldsymbol{P}_j$，当 $\sigma_j = c_j - z_j \leqslant 0$ $(j=1,\cdots,n)$，即有 $\sum\limits_{i=1}^{m} a_{ij} y_i \geqslant c_j (j=1,\cdots,n)$，也即其对偶问题的解为可行解，由此原问题和对偶问题均有最优解。反之，如果存在一个对偶问题的可行基 $\boldsymbol{B}$，即对 $j=1,\cdots,n$，有 $\boldsymbol{C}_B \boldsymbol{B}^{-1} \boldsymbol{P}_j \geqslant c_j$ 或 $c_j - z_j \leqslant 0$，这时只要有 $\boldsymbol{X}_B = \boldsymbol{C}_B \boldsymbol{B}^{-1} \geqslant \boldsymbol{0}$，即原问题的解也为可行解，则两者均为最优解。否则，保持对偶问题为可行解，找出原问题的相邻基本解，判别是否有 $\boldsymbol{X}_B \geqslant \boldsymbol{0}$，循环进行，一直到原问题也为可行解，从而两者均为最优解。

对偶单纯形法的基本思路：先找出一个对偶问题的可行基，在保持对偶问题为可行解的条件下，如不存在 $\boldsymbol{X}_B \geqslant \boldsymbol{0}$，通过变换得到一个相邻的目标函数值较小的基本解（因对偶问题是求目标函数的极小化），并循环进行，直到原问题也为可行解（$\boldsymbol{X}_B \geqslant \boldsymbol{0}$），这时对偶问题与原问题均为可行解。

3.5.2　对偶单纯形法的计算步骤

设某标准形式的线性规划问题为

$$\max Z = \boldsymbol{C} \boldsymbol{X}$$

$$\begin{cases} AX = b \\ X \geqslant 0 \end{cases}$$

存在一个对偶问题的可行基 B，不妨设 $B = (P_1, P_2, \cdots, P_m)$，列出单纯形表，见表 3.12。

表 3.12　单纯形表

	$c_j \rightarrow$		c_1	$\cdots$	c_r	$\cdots$	c_m	c_{m+1}	$\cdots$	c_s	$\cdots$	c_n
C_B	X_B	b	x_1	$\cdots$	x_r	$\cdots$	x_m	x_{m+1}	$\cdots$	x_s	$\cdots$	x_n
c_1	x_1	$\bar{b}_1$	1	$\cdots$	0	$\cdots$	0	$a_{1,m+1}$	$\cdots$	a_{1s}	$\cdots$	a_{1n}
	$\vdots$							$\vdots$				
c_r	x_r	$\bar{b}_r$	0	$\cdots$	1	$\cdots$	0	$a_{r,m+1}$	$\cdots$	a_{rs}	$\cdots$	a_{rn}
	$\vdots$							$\vdots$				
c_m	x_m	$\bar{b}_m$	0	$\cdots$	0	$\cdots$	1	$a_{m,m+1}$	$\cdots$	a_{ms}	$\cdots$	a_{mn}
	$c_j - z_j \rightarrow$		0	$\cdots$	0	$\cdots$	0	$c_{m+1} - z_{m+1}$	$\cdots$	$c_s - z_s$	$\cdots$	$c_n - z_{nn}$

表 3.12 中必须有 $c_j - z_j \leqslant 0 (j = 1, \cdots, n)$，$\bar{b}_i (i = 1, \cdots, m)$ 的值不要求为正。当对 $i = 1, \cdots, m$，有 $\bar{b}_i \geqslant 0$ 时，即表中原问题和对偶问题均为最优解。否则，通过变换一个基变量，找出原问题的一个目标函数值较小的相邻基本解。

对偶单纯形法的计算步骤：

1) 确定换出基的变量。因为总存在小于 0 的 $\bar{b}_i$，令 $\bar{b}_r = \min\{\bar{b}_i\}$，其对应变量 x_r 为换出基的变量。

2) 确定换入基的变量。

① 为了使下一个表中第 r 行基变量为正值，只有对应 $a_{rj} < 0 (j = m+1, \cdots, n)$ 的非基变量才可以考虑作为换入基的变量。

② 为了使下一个表中对偶问题的解仍为可行解，令

$$\theta = \min_j \left\{ \frac{c_j - z_j}{a_{rj}} \mid a_{rj} < 0 \right\} = \frac{c_s - z_s}{a_{rs}} \tag{3.11}$$

称 a_{rs} 为主元素，x_s 为换入基的变量。

设下一个表中的检验数为 $(c_j - z_j)'$，则

$$(c_j - z_j)' = (c_j - z_j) - \frac{a_{rj}}{a_{rs}}(c_s - z_s) = a_{rj} \left[\frac{c_j - z_j}{a_{rj}} - \frac{c_s - z_s}{a_{rs}} \right] \tag{3.12}$$

分两种情况说明。以满足式（3.11）来选取主元素时，式（3.12）中：

a. 对 $a_{rj} \geqslant 0$，因 $c_j - z_j \leqslant 0$，故 $\dfrac{c_j - z_j}{a_{rj}} \leqslant 0$，又因主元素 $a_{rs} < 0$，故 $\dfrac{c_s - z_s}{a_{rs}} \geqslant$

0，由此式（3.12）中方括弧内的值≤0，故有 $(c_j-z_j)'\leqslant 0$。

b. 对 $a_{rj}<0$，因 $\dfrac{c_j-z_j}{a_{rj}}-\dfrac{c_s-z_s}{a_{rs}}>0$，故有 $(c_j-z_j)'\leqslant 0$。

3）用换入变量替换换出变量，得到一个新的基。

对新的基再检查是否所有 $\bar b_i(i=1,\cdots,m)\geqslant 0$。如是，则找到了两者的最优解；如否，回到第 1）步再循环进行。

由对偶问题的基本性质知，当对偶问题有可行解时，原问题可能有可行解，也可能无可行解。对出现后一种情况的判断准则是：对 $\bar b_r<0$，而对所有 $j=1,\cdots,n$，有 $a_{rj}\geqslant 0$。因为这种情况，若把表中第 r 行的约束方程列出，有

$$x_r+a_{r,m+1}x_{m+1}+\cdots+a_{rn}x_n=\bar b_r$$

因 $a_{rj}\geqslant 0(j=m+1,\cdots,n)$，又 $\bar b_r<0$，故不可能存在 $x_j\geqslant 0(j=1,\cdots,n)$ 的解，故原问题无可行解，这时对偶问题的目标函数值无界。

下面举例说明对偶单纯形法的计算步骤。

【例 3.7】　用对偶单纯形法求解下述线性规划问题：

$$\min W=15y_1+24y_2+5y_3$$
$$\begin{cases}6y_2+y_3\geqslant 2\\5y_1+2y_2+y_3\geqslant 1\\y_1,y_2,y_3\geqslant 0\end{cases}$$

解　将问题改写为

$$\max W'=-15y_1-24y_2-5y_3+0y_4+0y_5$$
$$\begin{cases}-6y_2-y_3+y_4=-2\\-5y_1-2y_2-y_3+y_5=1\\y_i\geqslant 0,i=1,\cdots,5\end{cases}$$

列出单纯形表，并用上述对偶单纯形表的求解步骤进行计算，计算过程见表 3.13。

表 3.13　单纯形表迭代过程

$c_j\rightarrow$			-15	-24	-5	0	0
C_B	Y_B	b	y_1	y_2	y_3	y_4	y_5
0	y_4	-2	0	$[-6]$	-1	1	0
0	y_5	-1	-5	-2	-1	0	1
$c_j-z_j\rightarrow$			-15	-24	-5	0	0
-24	y_2	$1/3$	0	1	$1/6$	$-1/6$	0
0	y_4	$-1/3$	-5	0	$[-2/3]$	$-1/3$	1

续表

C_B	Y_B	b	y_1	y_2	y_3	y_4	y_5
$c_j \rightarrow$			-15	-24	-5	0	0
$c_j - z_j \rightarrow$			-15	0	-1	-4	$1/4$
-24	y_2	$1/4$	$-5/4$	1	0	$-1/4$	$1/4$
-5	y_3	$1/2$	$15/2$	0	1	$1/2$	$-3/2$
$c_j - z_j \rightarrow$			$-15/2$	0	0	$-7/2$	$-3/2$

从表 3.13 中可以看出，用对偶单纯形法求解线性规划问题时，当约束条件为"≥"时，不必引进人工变量，使计算简化。但在单纯形初表中其对偶问题应有基可行解这一点，多数线性规划问题很难实现，因此对偶单纯形法一般不单独使用，而主要应用于灵敏度分析及整数规划等有关问题中。

3.6　灵敏度分析

假定问题中的 a_{ij}，b_i，c_j 是变化的，就会提出以下问题：当这些参数中的一个或几个发生变化时，问题的最优解会有什么变化，或者这些参数在一个多大的范围内变化时，问题的最优解不变。这就是灵敏度分析要研究解决的问题。

当然，当线性规划问题中的一个或几个参数变化时，可以用单纯形法从头计算，看最优解有无变化，但这样做既麻烦也没有必要。因为前面已经讲到，单纯形法的迭代计算是从一组基向量变换为另一组基向量，表中每步迭代得到的数只随基向量改变，因此有可能把个别参数的变化直接在计算得到最优解的单纯形终表上反映出来。这样就不需要从头计算，而直接对计算得到最优解的单纯形表进行审查，看一些数值变化后是否仍满足最优解的条件，如果不满足，再从这个表开始进行迭代计算，求得最优解。

灵敏度分析的步骤可归纳如下：

1) 将参数的改变计算反映到单纯形终表上。具体计算方法是，按下列公式计算出由参数 a_{ij}，b_i，c_j 的变化引起的单纯形终表中有关数值的变化：

$$\Delta b' = B^{-1} \Delta b$$

$$\Delta P_j' = B^{-1} \Delta P_j$$

$$(c_j - z_j)' = c_j - \sum_{i=1}^{m} a_{ij} y_i^*$$

2) 检查原问题是否仍有可行解。

3) 检查对偶问题是否仍有可行解。

4）检查表 3.14 所列情况，得出结论，决定继续计算的步骤。

表 3.14　原问题与对偶问题解之间的关系

原问题	对偶问题	结论或继续计算的步骤
可行解	可行解	问题的最优解或最优基不变
可行解	非可行解	用单纯形法继续迭代求最优解
非可行解	可行解	用对偶单纯形法继续迭代求最优解
非可行解	非可行解	引进人工变量，编制新的单纯形表重新计算

下面分别就各参数改变后的情形进行讨论。

3.6.1　分析 c_j 的变化

线性规划目标函数中变量系数 c_j 的变化仅影响到检验数 $c_j - z_j$ 的变化，所以将 c_j 的变化直接反映到单纯形终表中，只可能出现表 3.14 中的前两种情况。下面举例说明。

【例 3.8】　在例 3.1 中：

1）若家电 Ⅰ 的利润降至 1.5 元/件，而家电 Ⅱ 的利润增至 2 元/件，则雅利公司最优生产计划有何变化？

2）若家电 Ⅰ 的利润不变，则家电 Ⅱ 的利润在什么范围内变化时，该公司的最优生产计划将不发生变化？

解　1）将家电 Ⅰ、Ⅱ 的利润变化直接反映到单纯形终表中，得到表 3.15。

表 3.15　将家电利润反映到单纯形终表中

$c_i \rightarrow$			1.5	2	0	0	0
C_B	X_B	b	x_1	x_2	x_3	x_4	x_5
0	x_3	15/2	0	0	1	[5/4]	−15/2
1.5	x_1	7/2	1	0	0	1/4	−1/2
2	x_2	3/2	0	1	0	−1/4	3/2
$c_j - z_j \rightarrow$			0	0	0	1/8	−9/4

因变量 x_4 的检验数大于零，故需继续用单纯形法迭代计算，见表 3.16。

表 3.16　单纯形线性迭代结果

	$c_j \to$		1.5	2	0	0	0
C_B	X_B	b	x_1	x_2	x_3	x_4	x_5
0	x_4	6	0	0	4/5	1	-6
1.5	x_1	2	1	0	$-1/5$	0	1
2	x_2	3	0	1	1/5	0	0
	$c_j - z_j \to$		0	0	$-1/10$	0	$-3/2$

由表 3.16 可以看出，雅利公司随家电 I、II 的利润变化应调整生产家电 I、II 分别为 2 件和 3 件。

2）设家电 II 的利润为 $(1+\alpha)$ 元，反映到单纯形终表中，得表 3.17。

表 3.17　将家电 II 的利润设为 $(1+\alpha)$ 元的终表

	$c_j \to$		2	$1+\alpha$	0	0	0
C_B	X_B	b	x_1	x_2	x_3	x_4	x_5
0	x_3	15/2	0	0	1	5/4	$-15/2$
2	x_1	7/2	1	0	0	1/4	$-1/2$
$1+\alpha$	x_2	3/2	0	1	0	$-1/4$	3/2
	$c_j - z_j \to$		0	0	0	$-\dfrac{1}{4}+\dfrac{1}{4}\alpha$	$-\dfrac{1}{2}-\dfrac{3}{2}\alpha$

为使表 3.17 中的解仍为最优解，应有

$$-\frac{1}{4}+\frac{1}{4}\alpha \leqslant 0, \quad -\frac{1}{2}-\frac{3}{2}\alpha \leqslant 0$$

由上面两个不等式解得

$$-\frac{1}{3} \leqslant \alpha \leqslant 1$$

即家电 II 的利润 c_2 的变化范围应满足

$$\frac{2}{3} \leqslant c_2 \leqslant 2$$

3.6.2　分析 b_i 的变化

右端项 b_i 的变化在实际问题中反映为可用资源数量的变化。由式 $\Delta b' = B^{-1}\Delta b$ 看出，b_i 的变化反映到单纯形终表上将引起 b 列数值的变化，可能出现

表 3.14 中第一或第三两种情况。出现第一种情况时，问题的最优基不变，变化后的 b 列值为最优解。出现第三种情况时，用对偶单纯形法迭代，继续找出最优解。

【例 3.9】　在例 3.1 中：

1）若设备 A 和调试工序每天的工作能力不变，而设备 B 每天的工作能力增加到 32h，分析公司最优生产计划的变化。

2）若设备 A 和 B 每天可用工作能力不变，则调试工序能力在什么范围内变化时，问题的最优基不变？

解　1）因 $\Delta b = \begin{bmatrix} 0 \\ 8 \\ 0 \end{bmatrix}$，有

$$\Delta b' = B^{-1} \Delta b = \begin{bmatrix} 1 & 5/4 & -15/2 \\ 0 & 1/4 & -1/2 \\ 0 & -1/4 & 3/2 \end{bmatrix} \cdot \begin{bmatrix} 0 \\ 8 \\ 0 \end{bmatrix} = \begin{bmatrix} 10 \\ 2 \\ -2 \end{bmatrix}$$

将其反映到单纯形终表中，见表 3.18。

表 3.18　单纯形表终表

C_B	X_B	b	x_1	x_2	x_3	x_4	x_5
	$c_j \rightarrow$		2	1	0	0	0
0	x_3	35/2	0	0	1	5/4	$-15/2$
2	x_1	11/2	1	0	0	1/4	$-1/2$
1	x_2	$-1/2$	0	1	0	$[-1/4]$	3/2
	$c_j - z_j \rightarrow$		0	0	0	$-1/4$	$-1/2$

因表 3.18 中原问题有非可行解，故用对偶单纯形法继续计算，结果见表 3.19。

表 3.19　终表

C_B	X_B	b	x_1	x_2	x_3	x_4	x_5
	$c_j \rightarrow$		2	1	0	0	0
0	x_3	15	0	5	1	0	0
2	x_1	5	1	1	0	1/4	$-1/2$
0	x_4	2	0	-4	0	0	1
	$c_j - z_j \rightarrow$		0	-1	0	0	-2

由表 3.19 可知，雅利公司的最优生产计划应改为只生产家电 Ⅰ 5 件。

2）设调试工序每天可用工作能力为 $(5+\alpha)$h，因有

$$\Delta \boldsymbol{b}' = \boldsymbol{B}^{-1} \Delta \boldsymbol{b} = \begin{bmatrix} 1 & \frac{5}{4} & -\frac{15}{2} \\ 0 & \frac{1}{4} & -\frac{1}{2} \\ 0 & -\frac{1}{4} & \frac{3}{2} \end{bmatrix} \cdot \begin{bmatrix} 0 \\ 0 \\ \alpha \end{bmatrix} = \begin{bmatrix} -\frac{15}{2}\alpha \\ -\frac{1}{2}\alpha \\ \frac{3}{2}\alpha \end{bmatrix}$$

将其反映到单纯形终表中，其 $\boldsymbol{b}$ 列数值为

$$\boldsymbol{b} = \begin{bmatrix} \frac{15}{2} - \frac{15}{2}\alpha \\ \frac{7}{2} - \frac{1}{2}\alpha \\ \frac{3}{2} + \frac{3}{2}\alpha \end{bmatrix}$$

当 $\boldsymbol{b} \geqslant \boldsymbol{0}$ 时问题的最优基不变，解得 $-1 \leqslant \alpha \leqslant 1$。由此，调试工序的能力变化范围应为 4～6h。

3.6.3 增加一个变量 x_j 的分析

增加一个变量在实际问题中反映为增加一种新的产品。其分析步骤如下：

1）计算 $\sigma'_j = c_j - z_j = c_j - \sum_{i=1}^{m} a_{ij} y_i^*$。

2）计算 $\boldsymbol{P}'_j = \boldsymbol{B}^{-1} \boldsymbol{P}_j$。

3）若 $\sigma'_j \leqslant 0$，原最优解不变，只需将计算得到的 $\boldsymbol{P}'_j$ 和 σ'_j 直接写入单纯形终表中；若 $\sigma'_j > 0$，则按单纯形法继续迭代计算找出最优解。

【例 3.10】 在例 3.1 中，设该公司又计划推出新型号的家电Ⅲ，生产一件所需设备 A、B 及调试工序的工时分别为 3h、4h、2h，该产品的预期盈利为 3 元/件，试分析该种产品是否值得投产；如投产，该公司的最优生产计划有何变化？

解 设该公司生产家电Ⅲ共 x_6 件，有 $c_6 = 3$，$\boldsymbol{P}_6 = (3, 4, 2)^T$。

$$\sigma'_3 = 3 - \begin{bmatrix} 0 & \frac{1}{4} & \frac{1}{2} \end{bmatrix}^T \cdot \begin{bmatrix} 3 \\ 4 \\ 2 \end{bmatrix} = 1$$

$$\boldsymbol{P}'_6 = \begin{bmatrix} 1 & 5/4 & -15/2 \\ 0 & 1/4 & -1/2 \\ 0 & -1/4 & 3/2 \end{bmatrix} \cdot \begin{bmatrix} 3 \\ 4 \\ 2 \end{bmatrix} = \begin{bmatrix} -7 \\ 0 \\ 2 \end{bmatrix}$$

将其反映到原问题的单纯形终表中，结果见表 3.20。

表 3.20　增加家电Ⅲ后的单纯形终表

$c_j \rightarrow$			2	1	0	0	0	0
C_B	X_B	b	x_1	x_2	x_3	x_4	x_5	x_6
0	x_3	15	0	0	1	5/4	−15/2	−7
2	x_1	7/2	1	0	0	1/4	−1/2	0
1	x_2	3/2	0	1	0	−1/4	3/2	[2]
$c_j - z_j \rightarrow$			0	0	0	−1/4	−1/2	1

因 $\sigma_6 > 0$，故用单纯形表继续迭代计算，结果见表 3.21。

表 3.21　终表

$c_j \rightarrow$			2	1	0	0	0	0
C_B	X_B	b	x_1	x_2	x_3	x_4	x_5	x_6
0	x_3	3/4	0	7/2	1	3/8	−9/4	0
2	x_1	7/2	1	0	0	1/4	−1/2	0
3	x_6	3/4	0	1/2	0	−1/8	3/4	1
$c_j - z_j \rightarrow$			0	−1/2	0	−1/8	−5/4	0

由表 3.21 可知，雅利公司新的最优生产计划应为每天生产 7/2 件家电Ⅰ、3/4 件家电Ⅲ。

3.6.4　分析参数 a_{ij} 的变化

a_{ij} 的变化使线性规划的约束系数矩阵 A 发生变化。若变量 x_j 在单纯形终表中为非基变量，其约束条件中系数 a_{ij} 的变化分析步骤可参照 3.6.3 节；若变量 x_i 在单纯形终表中为基变量，则 a_{ij} 的变化将使相应的 B 和 B^{-1} 发生变化，因此有可能出现原问题和对偶问题均有非可行解的情况。出现这种情况时，需引进人工变量，将原问题的解转化为可行解，再用单纯形法求解。下面举例说明。

【例 3.11】　在例 3.1 中，若家电Ⅱ每件需设备 A、设备 B 和调试工时变为 8h、4h、1h，该产品的利润变为 3 元/件，试重新确定该公司的最优生产计划。

解　将生产工时变化后的家电Ⅱ看作一种新产品，生产量为 x_2'，计算 P_2' 和 σ_2'，并反映到单纯形终表中。

$$\sigma_2' = 3 - \begin{bmatrix} 0 & \dfrac{1}{4} & \dfrac{1}{2} \end{bmatrix} \begin{bmatrix} 8 \\ 4 \\ 1 \end{bmatrix} = 3/2$$

$$\boldsymbol{P}_2' = \begin{bmatrix} 1 & 5/4 & -15/2 \\ 0 & 1/4 & -1/2 \\ 0 & -1/4 & 3/2 \end{bmatrix} \begin{bmatrix} 8 \\ 4 \\ 1 \end{bmatrix} = \begin{bmatrix} 11/2 \\ 1/2 \\ 1/2 \end{bmatrix}$$

将其反映到原问题的单纯形终表中，结果见表 3.22。

表 3.22　新家电 Ⅱ 参数变化后的单纯形终表

C_B	X_B	b	$c_j \rightarrow$ 2 x_1	1 x_2	0 x_2'	0 x_3	0 x_4	0 x_5
0	x_3	15/2	0	0	11/2	1	5/4	−15/2
2	x_1	7/2	1	0	1/2	0	1/4	−1/2
1	x_2	3/2	0	1	[1/2]	0	−1/4	3/2
	$c_j - z_j \rightarrow$		0	0	3/2	0	−1/4	−1/2

因 x_2 已变换为 x_2'，故用单纯形法以 x_2' 替换基变量中的 x_2，并在下一个表中不再保留 x_2，结果见表 3.23。

表 3.23　终表

C_B	X_B	b	$c_j \rightarrow$ 2 x_1	3 x_2'	0 x_3	0 x_4	0 x_5
0	x_3	−9	0	0	1	4	−24
2	x_1	2	1	0	0	1/2	−2
3	x_2'	3	0	1	0	−1/2	3
	$c_j - z_j \rightarrow$		0	0	0	1/2	−5

表 3.23 中原问题与对偶问题均有非可行解，故先设法使原问题变为有可行解。

表 3.23 第一行的约束可写为

$$x_3 + 4x_4 - 24x_5 = -9$$

上式两端乘以 −1，再加上人工变量 x_6，得

$$-x_3 - 4x_4 + 24x_5 = 9$$

用上式替换表 3.23 的第一行后结果见表 3.24，其中 M 表示任意大的正数。

表 3.24　替换后的终表

$c_j \to$			2	3	0	0	0	$-M$
C_B	X_B	b	x_1	x_2'	x_3	x_4	x_5	x_6
$-M$	x_6	9	0	0	-1	-4	[24]	1
2	x_1	2	1	0	0	1/2	-2	0
3	x_2'	3	0	1	0	$-1/2$	3	0
$c_j-z_j \to$			0	0	$-M$	$\frac{1}{2}-4M$	$5+24$	0

因对偶问题有非可行解，用单纯形法计算，结果见表 3.25。

表 3.25　终表

$c_j \to$			2	3	0	0	0	$-M$
C_B	X_B	b	x_1	x_2'	x_3	x_4	x_5	x_6
0	x_5	3/8	0	0	$-1/24$	$-1/6$	1	1/24
2	x_1	11/4	1	0	$-1/12$	1/6	0	1/12
3	x_2'	15/8	0	1	1/8	0	0	$-1/8$
$c_j-z_j \to$			0	0	$-5/24$	$-1/3$	0	$-M+\frac{5}{24}$

由表 3.25 可知，雅利公司的最优生产计划为每天生产 11/4 件家电 I 和 15/8 件新家电 II。

3.6.5　增加一个约束条件的分析

增加一个约束条件在实际问题中相当于增添一道工序。分析的方法是：先将原问题最优解的变量值代入新增的约束条件，如满足，说明新增的约束未起到限制作用，原最优解不变；否则，将新增的约束直接反映到单纯形终表中再进一步分析。

【例 3.12】　仍以雅利公司为例，设家电 I、II 经调试后，还需经过一道环境试验工序。家电 I 每件需环境试验 3h，家电 II 每件需 2h，环境试验工序每天生产能力为 12h。试分析增加该工序后雅利公司的最优生产计划。

解　先将原问题的最优解 $x_1=7/2$，$x_2=3/2$ 代入环境试验工序的约束条件 $3x_1+2x_2 \leqslant 12$。因 $3 \times \frac{7}{2}+2 \times \frac{3}{2}=\frac{27}{2}>12$，故原问题的最优解不是本例的最优解。

在试验工序的约束条件中增加松弛变量，得

$$3x_1+2x_2+x_6=12$$

以 x_6 为基变量,将上式反映到原问题的单纯形终表中,结果见表3.26。

表 3.26 以 x_6 为基变量进行替代后的终表

C_B	X_B	b	$c_j \to$ 2 x_1	1 x_2	0 x_3	0 x_4	0 x_5	0 x_6	行序号
0	x_3	15/2	0	0	1	5/4	−15/2	0	①
2	x_1	7/2	1	0	0	1/4	−1/2	0	②
1	x_2	3/2	0	1	0	−1/4	3/2	0	③
0	x_6	12	3	2	0	0	0	1	④
	$c_j - z_j \to$		0	0	0	−1/4	−1/2	0	—

表 3.26 中 x_1,x_2 列不是单位向量,故需进行变换,结果见表 3.27。表 3.27 中第①′,②′,③′行对应原表第①,②,③行,第④′行由以下初等变换得到,即④′=④−3×②−2×③。

表 3.27 终表

C_B	X_B	b	$c_j \to$ 2 x_1	1 x_2	0 x_3	0 x_4	0 x_5	0 x_6	行序号
0	x_3	15/2	0	0	1	5/4	−15/2	0	①′
2	x_1	7/2	1	0	0	1/4	−1/2	0	②′
1	x_2	3/2	0	1	0	−1/4	3/2	0	③′
0	x_6	−3/2	0	0	0	−1/4	[−3/2]	1	④′
	$c_j - z_j \to$		0	0	0	−1/4	−1/2	0	—

因表 3.27 中对偶问题有可行解,原问题有非可行解,故用对偶单纯形法迭代计算,结果见表 3.28。

表 3.28 用对偶单纯形法迭代计算的终表

C_B	X_B	b	$c_j \to$ 2 x_1	1 x_2	0 x_3	0 x_4	0 x_5	0 x_6
0	x_3	15	0	0	1	5/2	0	−5
2	x_1	4	1	0	0	1/3	0	−1/3
1	x_2	0	0	1	0	−1/2	0	1
0	x_5	1	0	0	0	1/6	1	−2/3
	$c_j - z_j \to$		0	0	0	−1/6	0	−1/3

由表 3.28 知，添加环境试验工序后，雅利公司的最优生产计划为只生产 4 件家电 I。

3.7 参数线性规划

灵敏度分析研究 c_j，b_i 等参数改变为某一值时对问题最优解的影响，若令 c_j 或 b_i 沿某一方向连续变动，则目标函数值 Z 将随 c_j 或 b_i 的变动而呈线性变动，Z 是这个变动参数的线性函数，因而称为参数线性规划。

当目标函数中 c_j 值连续变化时，其参数线性规划的形式为

$$\max Z(\lambda) = (\boldsymbol{C} + \lambda \boldsymbol{C}^*)\boldsymbol{X}$$

$$\begin{cases} \boldsymbol{AX} = \boldsymbol{b} \\ \boldsymbol{X} \geqslant \boldsymbol{0} \end{cases}$$

式中，$\boldsymbol{C}$ 为原线性规划问题的价值向量；$\boldsymbol{C}^*$ 为变动向量；λ 为参数。

当约束条件右端项连续变化时，其参数线性规划的形式为

$$\max Z(\lambda) = \boldsymbol{CX}$$

$$\begin{cases} \boldsymbol{AX} = \boldsymbol{b} + \lambda \boldsymbol{b}^* \\ \boldsymbol{X} \geqslant \boldsymbol{0} \end{cases}$$

式中，$\boldsymbol{b}$ 为原线性规划问题的资源向量；$\boldsymbol{b}^*$ 为变动向量，λ 为参数。

参数线性规划问题的分析步骤如下：

1）令 $\lambda = 0$，求解得单纯形终表。

2）将 $\lambda \boldsymbol{C}^*$ 或 $\lambda \boldsymbol{b}^*$ 项反映到单纯形终表中。

3）随 λ 值的增大或减小，观察原问题或对偶问题：一是确定表中现有解（基）允许 λ 值的变动范围；二是当 λ 值的变动超出这个范围时，用单纯形法或对偶单纯形法求取新的解。

4）重复第 3）步，直到 λ 值继续增大或减小时，表中的解（基）不再出现变化为止。

下面通过例子具体说明。

【例 3.13】 分析 λ 值变化时下述参数线性规划问题最优解的变化：

$$\max Z(\lambda) = (2 + \lambda)x_1 + (1 + 2\lambda)x_2$$

$$\begin{cases} 5x_2 \leqslant 15 \\ 6x_1 + 2x_2 \leqslant 24 \\ x_1 + x_2 \leqslant 5 \\ x_1, x_2 \geqslant 0 \end{cases}$$

解　先令 $\lambda = 0$，求得最优解，并将 λC^* 反映到单纯形终表中，结果见表 3.29。

表 3.29　将 λC^* 反映到单纯形终表中

C_B	X_B	b	$c_j \rightarrow$ 2 x_1	1 x_2	0 x_3	0 x_4	0 x_5
0	x_3	15/2	0	0	1	5/4	$-15/2$
$2+\lambda$	x_1	7/2	1	0	0	1/4	$-1/2$
$1+2\lambda$	x_2	3/2	0	1	0	$-1/4$	3/2
	$c_j - z_j \rightarrow$		0	0	0	$-\dfrac{1}{4}+\dfrac{1}{4}\lambda$	$-\dfrac{1}{2}-\dfrac{5}{2}\lambda$

在表 3.29 中，当 $\dfrac{1}{5} \leqslant \lambda \leqslant 1$ 时，表中解为最优解，且 $Z = \dfrac{17}{2} + \dfrac{13}{2}\lambda$。当 $\lambda > 1$ 时，变量 x_4 的检验数 > 0，用单纯形法迭代计算，结果见表 3.30。

表 3.30　迭代计算结果

C_B	X_B	b	$c_j \rightarrow$ $2+\lambda$ x_1	$1+2\lambda$ x_2	0 x_3	0 x_4	0 x_5
0	x_3	6	0	0	4/5	1	-6
$2+\lambda$	x_1	2	1	0	$-1/5$	0	1
$1+2\lambda$	x_2	3	0	1	1/5	0	0
	$c_j - z_j \rightarrow$		0	0	$\dfrac{1}{5}-\dfrac{1}{5}\lambda$	0	$-2-\lambda$

表 3.30 中，只要 $\lambda \geqslant 1$，表中解即为最优解，这时有 $Z = 7 + 8\lambda$。

在表 3.30 中，若 $\lambda \leqslant -\dfrac{1}{5}$，变量 x_5 的检验数 > 0，这时用单纯形法迭代计算的结果见表 3.31。

表 3.31　终表

C_B	X_B	b	$2+\lambda$ x_1	$1+2\lambda$ x_2	0 x_3	0 x_4	0 x_5	λ 的取值范围
0	x_3	15	0	5	1	0	0	
$2+\lambda$	x_1	4	1	1/3	0	1/6	0	$-2\leqslant\lambda\leqslant-\dfrac{1}{5}$
0	x_5	1	0	2/3	0	$-1/6$	1	
$c_j-z_j\rightarrow$			0	$\dfrac{1}{3}+\dfrac{5}{3}\lambda$	0	$-\dfrac{1}{3}-\dfrac{1}{6}\lambda$	0	
0	x_3	6	0	5	1	0	0	
$2+\lambda$	x_1	2	6	2	0	1	0	$\lambda\leqslant-2$
$1+2\lambda$	x_2	3	1	1	0	0	1	
$c_j-z_j\rightarrow$			$2+\lambda$	$1+2\lambda$	0	0	0	

表中第一列 $c_j\rightarrow$ 对应表头为 $2+\lambda$、$1+2\lambda$、0、0、0。

表 3.31 中，当 $-2\leqslant\lambda\leqslant-\dfrac{1}{5}$ 时，$Z=8+4\lambda$；当 $\lambda\leqslant-2$ 时，$Z=0$。

【例 3.14】　分析 λ 值变化时下述参数线性规划问题最优解的变化：

$$\max Z(\lambda)=2x_1+x_2$$

$$\begin{cases}5x_2\leqslant 15\\6x_1+2x_2\leqslant 24+\lambda\\x_1+x_2\leqslant 5\\x_1,x_2\geqslant 0\end{cases}$$

解　令 $\lambda=0$，求解得原问题的单纯形终表。又因有

$$\Delta\boldsymbol{b}'=\boldsymbol{B}^{-1}\Delta\boldsymbol{b}=\begin{bmatrix}1&5/4&-15/2\\0&1/4&-1/2\\0&-1/4&3/2\end{bmatrix}\cdot\begin{bmatrix}0\\\lambda\\0\end{bmatrix}=\begin{bmatrix}5/4\lambda\\1/4\lambda\\-1/4\lambda\end{bmatrix}$$

将其反映到单纯形终表中，结果见表 3.32。

表 3.32　令 $\lambda=0$ 时的单纯形终表

C_B	X_B	b	2 x_1	1 x_2	0 x_3	0 x_4	0 x_5
0	x_3	$\dfrac{15}{2}+\dfrac{5}{4}\lambda$	0	0	1	5/4	$-15/2$
0	x_1	$\dfrac{7}{2}+\dfrac{1}{4}\lambda$	1	0	0	1/4	$-1/2$

$c_j \rightarrow$			2	1	0	0	0
C_B	X_B	b	x_1	x_2	x_3	x_4	x_5
1	x_2	$\frac{3}{2}-\frac{1}{4}\lambda$	0	1	0	$-1/4$	$3/2$
$c_j-z_j \rightarrow$			0	0	0	$-1/4$	$-1/2$

表 3.32 中最优基不变的条件为 $-6 \leqslant \lambda \leqslant 6$，这时表中最优解为 $Z=\frac{17}{2}+\frac{1}{4}\lambda$。

当 $\lambda > 6$ 时，表 3.32 中基变量 x_2 将小于零，这时可用对偶单纯形法继续求解，结果见表 3.33。

表 3.33 继续迭代的结果

$c_j \rightarrow$			2	1	0	0	0
C_B	X_B	b	x_1	x_2	x_3	x_4	x_5
0	x_3	15	0	5	1	0	0
2	x_1	5	1	1	0	0	1
0	x_4	$-6+\lambda$	0	-4	0	1	-6
$c_j-z_j \rightarrow$			0	-1	0	0	-2

当 $\lambda > 6$ 时，表 3.33 中的最优基将不变，因此当 $\lambda > 6$ 时，有 $Z=10$。

当 $\lambda < -6$ 时，表 3.33 中基变量 x_3 将小于零，用对偶单纯形法求解，结果见表 3.34。

表 3.34 当 $\lambda < -6$ 时迭代的结果

$c_j \rightarrow$			2	1	0	0	0	λ 的取值范围
C_B	X_B	b	x_1	x_2	x_3	x_4	x_5	
0	x_5	$-1-\frac{1}{6}\lambda$	0	0	$-2/15$	$-1/6$	1	
2	x_1	$3+\frac{1}{6}\lambda$	1	0	$-1/15$	$1/6$	0	$-18 \leqslant \lambda \leqslant -6$
1	x_2	3	0	1	$1/5$	0	0	
$c_j-z_j \rightarrow$			0	0	$-1/15$	$-1/3$	0	

$c_j \rightarrow$			2	1	0	0	0	λ 的取值范围
C_B	X_B	b	x_1	x_2	x_3	x_4	x_5	
0	x_5	$-7-\dfrac{1}{2}\lambda$	-2	0	0	$-1/2$	1	
0	x_3	$-45-\dfrac{5}{2}\lambda$	-15	0	1	$-5/2$	0	$-24 \leqslant \lambda \leqslant -18$
1	x_2	$12+\dfrac{1}{2}\lambda$	3	1	0	1/2	0	
$c_j-z_j \rightarrow$			-1	0	0	$-1/2$	0	

当 $\lambda < -24$ 时，x_2 将小于零，但 x_2 所在行元素均为正，故这时问题无可行解。当 $-18 \leqslant \lambda < -6$ 时，$Z=9+\dfrac{1}{3}\lambda$；当 $-24 \leqslant \lambda < -18$ 时，$Z=12+\dfrac{1}{2}\lambda$。

思考与练习

1. 写出下列问题的对偶问题。

(1) $\max Z = 2x_1 + x_2 + x_3$

$$\begin{cases} x_1 + x_2 + x_3 \leqslant 10 \\ x_1 + 5x_2 + x_3 \leqslant 20 \\ x_1, x_2, x_3 \geqslant 0 \end{cases}$$

(2) $\min Z = x_1 + 6x_2 - 3x_3 + 9x_4$

$$\begin{cases} 7x_1 - 2x_2 + 8x_3 - x_4 \leqslant 18 \\ 6x_2 - 5x_4 \geqslant 10 \\ 2x_1 + 8x_2 - x_3 = -14 \\ x_1 \text{ 无约束}, x_2 \leqslant 0, x_3, x_4 \geqslant 0 \end{cases}$$

(3) $\max Z = x_1 + 2x_2 + 5x_3$

$$\begin{cases} 2x_1 + 3x_2 + x_3 \geqslant 10 \\ 3x_1 + x_2 + x_3 \leqslant 50 \\ x_1 + x_3 = 20 \\ x_1, x_2 \geqslant 0, x_3 \text{ 无非负限制} \end{cases}$$

(4) $\max Z = 3x_1 - 2x_2 - 5x_3 + 7x_4 + 8x_5$

$$\begin{cases} x_2 - x_3 + 3x_4 - 4x_5 = -6 \\ 2x_1 + 3x_2 - 3x_3 - x_4 \geqslant 2 \\ -x_1 + 2x_2 - 2x_4 \leqslant -5 \\ -2 \leqslant x_1 \leqslant 10 \\ 5 \leqslant x_2 \leqslant 25 \\ x_2, x_4 \geqslant 0, x_5 \text{ 无非负限制} \end{cases}$$

2. 已知线性规划问题

$$\min Z = 2x_1 + 3x_2 + 5x_3 + 6x_4$$

$$\begin{cases} x_1 + 2x_2 + 3x_3 + x_4 \geqslant 2 \\ -2x_1 + x_2 - x_3 + 3x_4 \leqslant -3 \\ x_i \geqslant 0, i = 1, 2, 3, 4 \end{cases}$$

要求：

(1) 写出其对偶问题。

(2) 用图解法求对偶问题的解。

(3) 利用 (2) 的结果及对偶性质求原问题的最优解。

3. 已知线性规划

$$\min Z = x_1 + 4x_2 + 3x_4$$

$$\begin{cases} x_1 + 2x_2 - x_3 \geqslant 3 \\ -2x_1 - x_2 + 4x_3 + x_4 \geqslant 2 \\ x_i \geqslant 0, i = 1, 2, 3, 4 \end{cases}$$

要求用对偶单纯形法求解，并求其对偶问题的最优解。

4. 已知表 3.35 为求解某线性规划问题时的单纯形终表，表中 x_4，x_5 为松弛变量，问题的约束为"$\leqslant$"形式。

表 3.35　单纯形终表

X_B	b	x_1	x_2	x_3	x_4	x_5
$c_i \rightarrow$						
x_3	5/2	0	1/2	1	1/2	0
x_1	5/2	1	−1/2	0	−1/6	1/3
$\sigma_i \rightarrow$		0	−4	0	−4	−2

要求：

(1) 写出原线性规划问题。

(2) 写出原问题的对偶问题。

(3) 求出对偶问题的最优解。

5. 已知线性规划

$$\max S = 5x_1 + 2x_2 + 3x_3$$

$$\begin{cases} x_1 + 5x_2 + 2x_3 \leqslant b_1 \\ x_1 - 5x_2 - 6x_3 \leqslant b_2 \\ x_1, x_2, x_3 \geqslant 0 \end{cases}$$

其中，b_1，b_2 为常数，该问题的单纯形终表见表 3.36。

表 3.36　单纯形终表

$c_i \rightarrow$		5	2	3	0	0
X_B	b	x_1	x_2	x_3	x_4	x_5
x_1	30	1	0	2	1	e
x_5	10	0	-25	8	-1	f
$\sigma_i \rightarrow$		0	5	-7	-5	g

要求：

(1) 求出 B 的逆矩阵 B^{-1}。

(2) 求 b_1，b_2，e，f，g 的值。

(3) 其对偶规划问题的最优解是什么？

6. 已知线性规划

$$\max Z = 3x_1 + 4x_2 + x_3$$
$$\begin{cases} 2x_1 + 3x_2 + x_3 \leqslant 1 \\ x_1 + 2x_2 + 2x_3 \leqslant 3 \\ x_j \geqslant 0, j = 1, 2, 3 \end{cases}$$

其最优基为 $B = \begin{bmatrix} 2 & 0 \\ 1 & 1 \end{bmatrix}$，试用矩阵公式求解：

(1) 最优解及目标函数最优值。

(2) 求 σ_3。

7. 已知某线性规划问题，其初始及最优单纯形表终表见表 3.37、表 3.38。

表 3.37　单纯形初表

$c_i \rightarrow$		1	2	0	0	0
X_B	b	x_1	x_2	x_3	x_4	x_5
x_3	12	2	2	1	0	0
x_4	9	3	0	0	1	0
x_5	8	0	2	0	0	1
$\sigma_i \rightarrow$		1	2	0	0	0

表 3.38　最优单纯形表终表

$c_i \rightarrow$		1	2	0	0	0
X_B	b	x_1	x_2	x_3	x_4	x_5
x_1	2	1	0	1/2	0	$-1/2$
x_4	3	0	0	$-3/2$	1	3/2
x_2	4	0	1	0	0	1/2
$\sigma_i \rightarrow$		0	0	$-1/2$	0	$-1/2$

要求：

(1) 求出对偶问题的最优解。

(2) 求 c_1 的变化范围，使最优基不变。

(3) 分析 b_1 由 12 变为 16 时，原问题的最优基是否发生改变。

8. 某工厂利用设备甲、乙、丙加工产品 A、B、C，有关数据见表 3.39。

表 3.39　产品加工的相关数据

三种设备	三种产品及对材料的消耗			设备有效台时/h
	A	B	C	
甲	2	1	1	200
乙	1	2	3	500
丙	2	2	1	600
每件产品利润/（元/件）	4	1	3	—

已知使利润最大的数学模型为

$$\max Z = 4x_1 + x_2 + 3x_3$$

$$\begin{cases} 2x_1 + x_2 + x_3 \leqslant 200 \\ x_1 + 2x_2 + 3x_3 \leqslant 500 \\ 2x_1 + 2x_2 + x_3 \leqslant 600 \\ x_i \geqslant 0, i = 1, 2, 3 \end{cases}$$

用单纯形法求解此问题，数学模型的最优单纯形表终表见表 3.40。

表 3.40　最优单纯形表终表

	$c_i \rightarrow$		4	1	3	0	0	0
X_B	C_B	b	x_1	x_2	x_3	x_4	x_5	x_6
x_1	4	20	1	1/5	0	3/5	−1/5	0
x_3	3	160	0	3/5	1	−1/5	2/5	0
x_6	0	400	0	0	0	−1	0	1
	$\sigma_i \rightarrow$		0	−8/5	0	−9/5	−2/5	0

求解:

(1) 怎样安排生产,可使其利润最大?

(2) 若为了增加产量,可借用其他工厂的设备乙,每月可借用 60 台时,租金为 27 元,借用设备乙是否合算?

(3) 若增加 3 台时设备乙,总利润增加多少?

(4) 若另有两种新产品 D 和 E,其中 D 需用设备甲 2 台时、设备乙 4 台时、设备丙 1 台时,单位产品利润为 5 元,E 需用设备甲 1 台时、设备乙 4 台时、设备丙 2 台时,单位产品利润为 4 元,如甲、乙、丙设备台时不增加,这两种新产品投产在经济上是否合算?

(5) 设备丙在什么范围内单独波动时,仍只生产 A 和 C 两种产品?

(6) 对产品工艺重新进行设计,改进结构,改进后生产每件产品 B,需用设备甲 3 台时、设备乙 2 台时、设备丙 2.5 台时,单位产品利润为 6.5 元,这对原计划有何影响?

(7) 如果设备乙和设备丙的数量不增加,设备甲可以从其他厂租用,租金为 1.6 元/台时,则该厂是否需要租用设备甲扩大生产?租用多少为宜?

9. 某工厂生产三种产品,三种产品对于材料费用、劳动力、电力的单位消耗系数、资源限量、单位产品价格见表 3.41。

表 3.41　产品加工的相关数据

三种资源	三种产品及对资源的消耗			资源限量
	A	B	C	
材料费用/元	2	2.5	4	320
劳动力/人	6	1	8	640
电力/度	5	5	10	750
单位价格/(元/件)	4	6	10	—

要求：

（1）求最佳生产方案，使总产值最大。

（2）求各资源的影子价格，并解释其经济意义。

（3）当材料费用为 360 元时，最佳生产方案如何安排？总产值为多少？

（4）当产品 B 的价格由 6 元升到 7 元时，其最优产品组合（最优解）是否发生变化？

（5）当产品 A 的价格由 4 元升到 6 元时，其最优生产方案是否需要调整？

（6）单位 A 产品对材料费用的消耗系数 a_{11} 变为 1 时，其最优产品组合（最优解）是否发生变化？

（7）试制新产品 D，D 对材料费用、劳动力、电力的消耗系数分别是 3，10，2，则在什么情况下投产新产品 D 才有利？

（8）原来水的用量没有限制，现在要求水的用量不能超过 200t。已知 A、B、C 三种单位产品消耗水的吨数是 0，2t，4t，问：增加了这个新约束后应如何安排生产？

10. 已知线性规划问题

$$\max Z = (c_1 + t_1)x_1 + c_2 x_2 + c_3 x_3$$

$$\begin{cases} a_{11}x_1 + a_{12}x_2 + a_{13}x_3 + x_4 = b_1 + 3t_2 \\ a_{21}x_1 + a_{22}x_2 + a_{23}x_3 + x_5 = b_2 + t_2 \\ x_j \geqslant 0, j = 1, \cdots, 5 \end{cases}$$

当 $t_1 = t_2 = 0$ 时，求解得的单纯形终表，见表 3.42。

表 3.42　单纯形终表

X_B	b	x_1	x_2	x_3	x_4	x_5
x_3	5/2	0	1/2	1	1/2	0
x_1	5/2	1	−1/2	0	−1/6	1/3
$\sigma_i \rightarrow$		0	−4	0	−4	−2

要求：

（1）确定 a_{11}，a_{12}，a_{13}，a_{21}，a_{22}，a_{23} 和 b_1，b_2 的值。

（2）当 $t_2 = 0$ 时，分析 t_1 的值在什么范围内变化，上述最优基不变。

（3）当 $t_1 = 0$ 时，分析 t_2 的值在什么范围内变化，上述最优基不变。

11. 有一标准型线性规划问题，$\max S = CX$，$AX = b$，$X \geqslant 0$，单纯形终表见表 3.43（此时达到最优解）。

表 3.43　单纯形终表

$c_i \rightarrow$							θ_i
X_B	b	x_1	x_2	x_3	x_4	x_5	
x_1	1	1	0	-1	3	-1	
x_2	2	0	1	2	-1	1	
$\sigma_i \rightarrow$		0	0	-3	-3	-1	

要求：

(1) 当 b_1 产生波动时，$S^* = 11$，此时影响最优解吗？为什么？

(2) 求原系数矩阵 A。

(3) c_2 在什么范围内变化不影响最优解？

(4) 当 $c_2 = 1$ 时，求最优解。

12. 已知某工厂计划生产Ⅰ、Ⅱ、Ⅲ三种产品，各产品需要在 A、B、C 设备上加工，有关数据见表 3.44。

表 3.44　产品加工的相关数据

设备编号	三种产品对设备的消耗			设备有效台时/h
	Ⅰ	Ⅱ	Ⅲ	
A	8	2	10	300
B	10	5	8	400
C	2	13	10	420
单位产品利润/（千元/件）	3	2	2.9	—

试回答：

(1) 如何充分发挥设备能力，使生产盈利最大？

(2) 若另有两种新产品Ⅳ、Ⅴ，其中Ⅳ需用设备 A 为 12 台时、B 为 5 台时、C 为 10 台时，单位产品盈利 2100 元，新产品Ⅴ需用设备 A 为 4 台时、B 为 4 台时、C 为 12 台时，单位产品盈利 1870 元。如设备 A、B、C 台时不增加，分别分析这两种新产品投产在经济上是否合算。

(3) 对产品工艺进行重新设计，改进结构，改进后生产每件产品Ⅰ需用设备 A 为 9 台时、设备 B 为 12 台时、设备 C 为 4 台时，单位产品盈利 4500 元，这对原计划有何影响？

综 合 训 练

1. 元件加工

某厂加工 A、B、C 三种元件,三种元件在粗加工、精加工和检查包装三个车间所需的单位工时、单位价格和各车间总工时限额见表 3.45。

表 3.45 三种元件的加工数据

车间及单价	元件			各车间工时/h
	A	B	C	
粗加工车间	1	2	1	430
精加工车间	3	0	2	460
检查包装车间	1	4	0	420
单价/(元/件)	30	20	50	—

该厂如何安排生产,可获得最大总产值?该厂附近有甲、乙两个小厂愿意承接粗加工和精加工任务,但受各种因素的限制,该厂只能与一个厂签订一种加工合同,为增加收益,该厂应如何分别与两厂签订合同?甲、乙两厂提出的条件见表 3.46。

表 3.46 甲、乙两厂提出的条件 单位:元/h

厂家	加工方式	
	粗加工	精加工
甲厂	3	17
乙厂	8	16

由于市场价格波动,A 元件的价格有上升趋势,问:在其价格达到多少时,投产 A 元件才有利?由于市场供求关系的限制,现在 B 元件最多只能生产 60 件,问:应如何调整生产安排?

2. 奶制品加工生产

一奶制品加工厂用牛奶生产 A_1、A_2 两种奶制品,1 桶牛奶可以在甲车间用 1.2h 加工成 3kg A_1,或者在乙车间用 0.8h 加工成 4kg A_2。根据市场需求,生

产的 A_1、A_2 可全部售出，且每千克 A_1 获利 24 元，每千克 A_2 获利 16 元。现在加工厂每天能得到 50 桶牛奶的供应，每天正式工人总的劳动时间为 48h，并且甲车间每天至多能加工 100kg A_1，乙车间的加工能力没有限制。试为该厂制订一个生产计划，使每天的获利最大，并进一步讨论以下三个附加问题：

（1）若 35 元可以买到 1 桶牛奶，应否做这项投资？若投资，每天最多购买多少桶牛奶？

（2）若可以聘用临时工人以增加劳动时间，付给临时工人的工资最多每小时多少元？

（3）由于市场需求变化，每千克 A_1 的获利增加到 30 元，应否改变生产计划？

3. 设备制造

某大型设备制造公司制造两种型号的设备 A 和 B，每台 A 型设备给公司带来中等水平的利润 0.36 万元，每台 B 型设备给公司带来 0.54 万元的可观利润。生产车间经理正在为下个月的生产制订计划，他要确定 A、B 两种设备各需制造多少台，才能使公司的获利最大。已知公司每月有 48 000 工时的生产能力，制造一台 A 型设备需 6 工时，制造一台 B 型设备需 10.5 工时。生产车间经理知道下个月他只能从设备配件厂得到设备的甲配件 10 500 件，A、B 设备都使用甲配件，每台 A 型和 B 型设备需要的甲配件分别为 2 个单位和 1 个单位。另外，根据公司最近对各种设备的月需求预测，在该公司制造能力范围内，B 型设备的产量限制在 3500 台以内，A 型设备的产量没有限制。请解决以下问题：

（1）建立该问题的线性规划数学模型，确定两种设备应各制造多少台。

（2）销售部得知花费 50 万元做一个广告，可以使得下个月对 B 型设备的需求增加 25%。这个广告是否应当做？为什么？

（3）生产车间经理知道通过让工人加班工作，可以增加下个月工厂的生产能力，加班工作可以使工厂的工时能力增加 25%。该公司在新的工时能力情况下，A 型和 B 型设备应当各制造多少台？

（4）车间经理知道没有额外的成本，加班工作是不可能实现的。除了正常工作时间，他愿意为加班工作支付的最大费用是多少？

（5）车间经理考虑了同时做广告和加班工作。做广告使得 B 型设备的需求增加 20%，加班工作使得工厂工时能力增加 25%。制造车间在同时做广告和加班工作的情况下，A 型和 B 型设备应当各制造多少台？

（6）在知道了广告费用为 50 万元及最大限度地采用加班工作的成本为 160

万元的情况下，问题（5）的决策是否优于问题（1）的决策？

（7）公司发现实际上分销商还在大幅度降低 A 型设备的售价，以削减库存。由于公司与分销商签订了利润分配协议，每台 A 型设备的利润将不再是 0.36 万元，而是 0.28 万元，在这种利润下降的情况下，A 型和 B 型设备应当各制造多少台？

（8）通过在制造装配线对 A 型设备的随机测试，公司发现了质量问题。测试人员发现超过 60% 的 A 型设备的甲配件不太合格。由于随机测试得到的缺陷率如此之高，经理决定在制造装配线对每台 A 型设备进行测试。由于增加了测试环节，制造装配一台 A 型设备的时间从原来的 6 工时上升到了 7.5 工时。在 A 型设备的制造装配时间的情况下，A 型和 B 型设备应当各制造多少台？

（9）公司领导希望占据更大的 B 型设备市场份额，因此要求制造公司满足所有对 B 型设备的需求。公司要求车间经理确定与问题（1）相比，制造装配厂的利润将下降多少。公司领导要求在利润降低不超过 200 万元的情况下满足全部对 B 型设备的需求。

（10）车间经理现在通过综合考虑问题（5）、问题（6）、问题（7）提出的新情况，作出最终决策。对于是否做广告、是否加班工作、A 型设备的生产台数、B 型设备的生产台数的决策是什么？

4. 生产安排

华威公司是一家生产制造公司，目前生产甲、乙两种规格的产品。这两种产品在市场上的单位利润分别是 4.3 万元和 5.2 万元。甲、乙两种产品的生产均需要消耗 A、B、C 三种原材料。生产 1 单位的产品甲需要消耗三种材料的情况是：1 单位的材料 A，2 单位的材料 B，1 单位的材料 C。生产 1 单位的产品乙需要消耗三种材料的情况是：1 单位的材料 A，1 单位的材料 B，3 单位的材料 C。当前市场上甲、乙两种产品供不应求，但每个生产周期（一年）内，公司 A、B、C 三种原材料的储备量是 48 单位、78 单位、92 单位，年终剩余的物资必须无偿调回，而且近期也没有筹集到额外资源的渠道。

（1）面对这种局面，华威公司应该如何安排生产计划，以获取最大的市场利润？

该公司在运营了一年后，管理层为第二年的运营进行了以下的预想（假设以下问题均单独出现）：

（2）由于建材市场受到其他竞争者的影响，公司市场营销部门预测产品甲的价格会产生变化，产品甲的单位利润将会在 3.8 万～5.4 万元间波动，公司该如何应对这种情况，以提前对生产安排做好调整预案？

（3）由于供应链上游的原材料价格不断上涨，给华威公司带来资源购置上的压力。公司采购部门预测现有 48 单位限额的材料 A 将会出现 3 单位的资源缺口，但是也不排除通过其他渠道筹措来 1 单位材料 A 的可能。对于材料 A 的资源上限的增加或者减少，华威公司应该如何进行新的规划？

（4）经过规划分析已经知道，材料 B 在最优生产格局中出现了 4 单位的剩余，那么应该如何重新安排限额，做好节约工作？

（5）最坏的可能是公司停止生产，把各种原材料清仓变卖。那么，应如何在原材料市场上对 A、B 和 C 三种资源进行报价，以使得公司在直接出售原材料的清算业务中损失最小？

（6）如果企业打算通过增加原材料投入扩大生产规模，面对 A、B、C 三种材料的市场价，华威公司应该如何作出合理的决策？

第4章 运输问题

在处理产、供、销的经济活动中，经常会遇到物资调拨的运输问题，如糖、棉、油、煤炭、钢铁、水泥、化肥、木材等物资要由若干个产地调运到若干个销售地。问题是，怎样制定合理的调运方案才能使总运输费用最少。本章将讨论这类特殊形式的线性规划问题。运输问题是线性问题，由于其约束条件存在特殊性，所以具有特殊的解法。

4.1 运输问题的数学模型

诸如这类有多个不同的生产者、消费者，如何合理设置生产者和消费者之间的配送关系，以达到费用最小的问题，称为运输问题。在运筹学中，运输问题指的是广义的"运输"，即许多其他问题也可以通过适当的手段转化为运输问题加以解决。

【例 4.1】 某食品公司经销的主要商品之一是面粉，公司设有三个加工厂 A_1、A_2、A_3，各工厂的产量分别为 7t、4t、9t。该公司把这些面粉分别运往 B_1、B_2、B_3、B_4 四个地区的门市部销售，四个地区每天的销售量为 3t、6t、5t、6t。已知从各个加工厂到各销售部门每吨的运价，见表 4.1。如何调运面粉，才能在满足各部门销售的情况下使总的运费支出最少？

表 4.1 单位运价

加工厂及销量	到四个门市部的运价/（元/t）				产量/t
	B_1	B_2	B_3	B_4	
A_1	3	11	3	10	7
A_2	1	4	2	8	4
A_3	7	9	10	3	9
销量/t	3	6	5	6	—

解 设 $x_{ij}(i=1,2,3;j=1,2,3,4)$ 为第 i 个加工厂运往第 j 个门市部的运量，可以得到该运输问题的数学模型为

$$\min Z = 3x_{11} + 11x_{12} + 3x_{13} + 10x_{14} + x_{21} + 4x_{22}$$
$$+ 2x_{23} + 8x_{24} + 7x_{31} + 9x_{32} + 10x_{33} + 3x_{34}$$

产量：
$$\begin{cases} x_{11} + x_{12} + x_{13} + x_{14} = 7 \\ x_{21} + x_{22} + x_{23} + x_{24} = 4 \\ x_{31} + x_{32} + x_{33} + x_{34} = 9 \end{cases}$$

销量：
$$\begin{cases} x_{11} + x_{21} + x_{31} = 3 \\ x_{12} + x_{22} + x_{32} = 6 \\ x_{13} + x_{23} + x_{33} = 5 \\ x_{14} + x_{24} + x_{34} = 6 \end{cases}$$

$$x_{ij} \geqslant 0, i = 1,2,3; j = 1,2,3,4$$

设有 m 个产地（记作 A_1，A_2，A_3，$\cdots$，A_m）生产某种物资，其产量分别为 a_1，a_2，$\cdots$，a_m；有 n 个销地（记作 B_1，B_2，$\cdots$，B_n），其需要量分别为 b_1，b_2，$\cdots$，b_n；且产销平衡，即 $\sum\limits_{i=1}^{m} a_i = \sum\limits_{j=1}^{n} b_j$。从第 i 个产地到第 j 个销地的单位运价为 c_{ij}，在满足各地需要的前提下，求总运输费用最小的调运方案。

设 $x_{ij}(i=1,2,\cdots,m;j=1,2,\cdots,n)$ 为第 i 个产地到第 j 个销地的运量，则数学模型为

$$\min Z = \sum_{i=1}^{m} \sum_{j=1}^{n} c_{ij} x_{ij}$$

$$\begin{cases} \sum\limits_{j=1}^{n} x_{ij} = a_i, i = 1,\cdots,m \\ \sum\limits_{i=1}^{m} x_{ij} = b_j, j = 1,\cdots,n \\ x_{ij} \geqslant 0, i = 1,\cdots,m; j = 1,\cdots,n \end{cases}$$

这个线性规划共有 $m+n$ 个约束条件，mn 个决策变量，其系数矩阵为

$$\boldsymbol{A} = \begin{bmatrix} 1 & 1 & \cdots & 1 & 0 & 0 & 0 & 0 & 0 & \cdots & 0 & \cdots & 0 & 0 \\ 0 & 0 & \cdots & 0 & 1 & 1 & \cdots & 1 & 0 & 0 & \cdots & 0 & 0 \\ \vdots & \vdots & \vdots & \vdots & \vdots & \vdots & \vdots & \vdots & \vdots & \vdots & \vdots & \vdots & \vdots \\ 0 & 0 & 0 & \cdots & 0 & 0 & \cdots & 0 & 0 & 1 & 1 & \cdots & 1 \\ 1 & \cdots & 0 & 0 & 1 & \cdots & 0 & 0 & \cdots & 1 & \cdots & \cdots & \cdots \\ 0 & 1 & 0 & \cdots & 0 & 1 & 0 & 0 & \cdots & 0 & 1 & 0 & 0 \\ \vdots & \vdots & \vdots & \vdots & \vdots & \vdots & \vdots & \vdots & \vdots & \vdots & \vdots & \vdots & \vdots \\ 0 & 0 & 0 & 1 & 0 & \cdots & 0 & 1 & \cdots & 0 & \cdots & 0 & 1 \end{bmatrix}$$

系数矩阵列向量具有如下形式：

$$\boldsymbol{A}_{ij} = \begin{bmatrix} 0 & \cdots & 0 & 1 & 0 & \cdots & 0 & 1 & 0 & \cdots & 0 \end{bmatrix}^{\mathrm{T}}$$

第 i 个　　　　　第 $m+j$ 个

由上可知：

1）约束条件系数矩阵的元素为 1 或 0。

2）每列只有 2 个元素为 1，其余都为 0。

3）前 m 行各行有 n 个 1，后 n 行各行有 m 个 1。

4）对产销平衡问题，所有约束条件都是等式。

5）产量之和等于销量之和。

对于运输问题：

1）运输问题的目标函数一般为求最小值，但有些运输问题的目标是找出利润最大的调运方案，这时就要求目标函数的最大值了。

2）运输问题存在可行解，也一定存在最优解。

3）当供应量和需求量都是整数时，则一定存在整数最优解。

4）有 $m+n-1$ 个基变量。

5）当生产总量不等于销售总量，即产销不平衡时，可以通过增加一个假想产地或假想销地来转化为产销平衡的问题。

4.2　表上作业法

表上作业法的实质是单纯形法，是一种求解运输问题的特殊方法。

4.2.1　表上作业法的步骤及解法

表上作业法的步骤如下：

1）找出初始可行解，即在（$m \times n$）产销平衡表上给出 $m+n-1$ 个数字。

2）求各非基变量的检验数，即在表上计算空格的检验数，判别是否达到最优解，如已是最优解，终止，否则进行下一步。

3）确定换入变量和换出变量，找出新的基可行解，在表上用闭回路法调整。

4）重复第 1）步、第 3）步，直到得出最优解。

下面通过例题说明表上作业法的计算过程。

【例 4.2】　已知有三个产地、四个销地，单位运价见表 4.2，问：如何安排运输方案，使其总运费最小？

表 4.2 单位运价

产地及销量	到四个销地的运价/（元/t）				产量/t
	B_1	B_2	B_3	B_4	
A_1	3	11	3	10	7
A_2	1	4	2	8	4
A_3	7	9	10	3	9
销量/t	3	6	5	6	—

解 1）求初始调运方案。

求初始调运方案，即求初始基可行解的方法有很多，一般有西北角法（左上角法）、最小元素法、伏格尔（Vogel）法等，在此介绍最小元素法。

最小元素法的基本思想：就近供应，即按单位运价的高低决定供应的先后，优先满足单位运价最小者的供销要求。

首先在运输表格中填入 $m+n-1$ 个数字表示基变量，用"◎"表示非基变量。在表 4.3 中，（A_2，B_1）格的单位运价最小，所以优先由 A_2 供应给 B_1 销地 3 个单位，即在（A_2，B_1）格中填入数字 3。由于销地 B_1 的需求全部得到满足，所以 x_{11}，x_{31} 必为 0，即销地 B_1 只由 A_2 供应，故在（A_1，B_1），（A_3，B_1）格中画"◎"，此时 A_2 的产量变为 1（4−3＝1）。B_1 得到全部供应，划去 B_1。然后在余下的格子（未填数也没画"◎"的格子）中找单位运价最小的。本次找的是（A_2，B_3）格，表示由 A_2 优先供应给 B_3，A_2 只有 1 个单位产量，全部供应给 B_3，在（A_2，B_3）格填入数字 1，A_2 全部供应完，划去 A_2 这一行。

表 4.3 最小元素法初始表

产地及销量	到四个销地的运价/（元/t）				产量/t
	B_1	B_2	B_3	B_4	
A_1	3　◎	11	3	10	7
A_2	1　3	4	2　1	8	4
A_3	7　◎	9	10	3	9
销量/t	3	6	5	6	—

以此类推，在表中填入 4＋3−1＝6 个数字格，见表 4.4，方框内的数字表示基变量的解，"◎"表示非基变量，得到一个初始基可行解，其中 $x_{21}＝3$，$x_{12}＝3$，$x_{32}＝3$，$x_{13}＝4$，$x_{23}＝1$，$x_{34}＝6$，其总运费为 $1×3＋11×3＋9×3＋3×4＋2×1＋3×6＝95$。

表 4.4 基变量的数字格

产地及销量	到四个销地的运价/（元/t）				产量/t
	B_1	B_2	B_3	B_4	
A_1	3 ◎	11 ③	3 ④	10 ◎	7
A_2	1 ③	4 ◎	2 ①	8 ◎	4
A_3	7 ◎	9 ③	10 ◎	3 ⑥	9
销量/t	3	6	5	6	—

2）最优解的判别。

判别最优解，就是计算空格（非基变量）的检验数 $c_{ij} - C_B B^{-1} A_{ij} \geqslant 0$。最优解的判别方法一般有闭回路法、位势法、一次性求解法，下面介绍闭回路法和一次性求解法。

① 闭回路法。在给出调运方案的计算表上，从每一空格出发找一条闭回路（每个空格均有唯一的一条闭回路），以空格为起点，沿水平或垂直方向前进，遇到一个适当的数字就转 90°弯，这样又会遇到一个适当的数字，再转 90°，若干次后，回到出发的那个空格，即形成一个闭回路。把闭回路的每一个顶点按顺时针或逆时针顺序标号，并把奇标号的单位运输费用取正值，偶标号的单位运输费用取负值，其代数和即为该空格的检验数。例如，在表 4.5 中，从空格 $A_1 B_1$ 出发，向右前进到 $A_1 B_3$ 格，向下前进到 $A_2 B_3$ 格，向左转弯前进到 $A_2 B_1$ 格，再向上转到 $A_1 B_1$ 格，形成 $A_1 B_1 \rightarrow A_1 B_3 \rightarrow A_2 B_3 \rightarrow A_2 B_1 \rightarrow A_1 B_1$ 的闭回路。从 $A_1 B_1$ 出发向右前进时遇到 $A_1 B_2$ 格也有数字，但 $A_1 B_2$ 格不是适当的数字，如果在 $A_1 B_2$ 格向下转弯不能形成闭回路。$\lambda_{11} = 3 - 3 + 2 - 1 = 1$。对于每一个空格，类似地都形成一个闭回路，再相应地求出空格的检验数。

表 4.5 闭回路法

产地及销量	到四个销地的运价/（元/t）				产量/t
	B_1	B_2	B_3	B_4	
A_1	3 ◎	11 ③	3 ④	10 ◎	7
A_2	1	4 ◎	2 ①	8 ◎	4
A_3	7 ◎	9 ③	10 ◎	3 ⑥	9
销量/t	3	6	5	6	—

② 一次性求解法。对一种调运方案，可一次性地将全部检验数求出，其方

法如下：

a. 在运价表中，把有调运数字的费用 c_{ij} 加 "＊"。

b. 在运价表中，对同行（或同列）中各数减去（加上）同一个数，反复进行，直到加 "＊" 的数字全部为 0，则表中未加 "＊" 的其他数字就是全部非基变量的检验数。

例如，$(c_{ij}) = \begin{bmatrix} 3 & 11 & 3 & 10 \\ 1 & 4 & 2 & 8 \\ 7 & 9 & 10 & 3 \end{bmatrix}$ 为本例中的运输费用系数。$\begin{bmatrix} 3 & 11^* & 3^* & 10 \\ 1^* & 4 & 2^* & 8 \\ 7 & 9^* & 10 & 3^* \end{bmatrix}$ 中，

加 "＊" 的为有调运数字的费用，即 x_{12}，x_{13}，x_{21}，x_{23}，x_{32}，x_{34} 为基变量。用一次性求解法判断此基可行解是否为最优解。对同行（或同列）中各数减去（或加上）同一个数，反复进行。

$$\begin{bmatrix} 3 & 11^* & 3^* & 10 \\ 1^* & 4 & 2^* & 8 \\ 7 & 9^* & 10 & 3^* \end{bmatrix} \begin{matrix} -3 \\ -1 \\ -3 \end{matrix} \Rightarrow \begin{bmatrix} 0 & 8^* & 0^* & 7 \\ 0^* & 3 & 1^* & 7 \\ 4 & 6^* & 7 & 0^* \end{bmatrix} \begin{matrix} \\ -1 \\ \end{matrix}$$

$$+1 \quad -6$$

$$\Rightarrow \begin{bmatrix} 1 & 2^* & 0^* & 7 \\ 0^* & -4 & 0^* & 6 \\ 5 & 0^* & 7 & 0^* \end{bmatrix} \begin{matrix} \\ \\ +2 \end{matrix} \Rightarrow \begin{bmatrix} 1 & 0^* & 0^* & 5 \\ 0^* & -6 & 0^* & 4 \\ 7 & 0^* & 9 & 0^* \end{bmatrix}$$

$$-2 \quad -2$$

可知，带 "＊" 的数字都等于 0，为基变量的系数，不带 "＊" 的数字为非基变量的检验数，$\lambda_{11} = 1$，$\lambda_{14} = 5$，$\lambda_{22} = -6$，$\lambda_{24} = 4$，$\lambda_{31} = 7$，$\lambda_{33} = 9$，此时 $\lambda_{22} = -6 < 0$，其他非基变量的系数都大于 0。对于求目标极小化的运输问题来说，此基可行解不是最优解，还需进行换基迭代。

3）改进方法：闭回路调整法。

如果表中空格（非基变量）出现负检验数，表明不是最优解，需要调整。调整的步骤如下：

① 确定进基变量。负检验数对应的空格为调入格（以它对应的非基变量为进基变量），如果有两个以上的负数，取最小的为进基变量，以此空格为出发点作一个闭回路。

② 加减调入量 θ。在形成的闭回路中，以空格为起点，在顶点上依次标注序号，找出所有偶数的顶点，并找到偶数顶点的运输量的最小值，作为调入量 θ。在闭回路上的奇点序号格的运输量加上此调入量，偶点序号格的运输量减去调入

量，得到新的调整方案。如在表 4.6 中，$\theta = \min\{\boxed{3}, \boxed{1}\} = 1$。

表 4.6 确定调入量

产地及销量	到四个销地的运价/（元/t）				产量/t
	B_1	B_2	B_3	B_4	
A_1		$\boxed{3}$	$\boxed{4}$		7
A_2	$\boxed{3}$	$\boxed{1}$ ①	$\boxed{1}$ ④		4
A_3		$\boxed{3}$		$\boxed{6}$	9
销量/t	3	6	5	6	—

加减 $\theta = 1$ 后得到新的调运方案，见表 4.7。

表 4.7 新的调运方案

产地及销量	到四个销地的运价/（元/t）				产量/t
	B_1	B_2	B_3	B_4	
A_1		$\boxed{2}$	$\boxed{5}$		7
A_2	$\boxed{3}$	$\boxed{1}$			4
A_3		$\boxed{3}$		$\boxed{6}$	9
销量/t	3	6	5	6	—

③ 再用闭回路法、位势法或一次性求解法求各空格的检验数，直到所有的检验数非负。

4.2.2 表上作业法的几个问题

（1）无穷多解

如果有非基变量（空格）的检验数为 0，则该问题有无穷多解。

（2）退化

在确定初始解的各供需关系时，若在 (i, j) 格填入某数字后，出现 A_i 处的余量等于 B_j 处的需要量，则在产销平衡表上填一个数，并在单位运价表上相应地划去一行和一列。为了使产销平衡表上有 $(m+n-1)$ 个数字格，需增加一个"0"，它的位置可在对应同时划去的那行或那行的任一空格。

4.3 产销不平衡问题

表上作业法是以产销平衡为前提的一种解法。在实际运输问题中，一般都是产销不平衡的，这就需要把产销不平衡问题转换为产销平衡问题。

4.3.1 产量大于销量

当产量大于销量（$\sum a_i > \sum b_j$）时，运输问题的数学模型为

$$\min Z = \sum_{i=1}^{m} \sum_{j=1}^{n} c_{ij} x_{ij}$$

$$\begin{cases} \sum_{j=1}^{n} x_{ij} \leqslant a_i, i=1,\cdots,m \\ \sum_{i=1}^{m} x_{ij} = b_j, j=1,\cdots,n \\ x_{ij} \geqslant 0, i=1,\cdots,m; j=1,\cdots,n \end{cases}$$

由于总的产量大于总的销量，在转换为产销平衡问题时需要虚设一个销地 B_{n+1}，把多余的物资就地储存，虚设销地的销量等于总产量减去总销量。由于是就地储存，所以对于虚设的销地来说，运价 $c_{i,n+1}$ 为零。

【例 4.3】 从三个产地将物资运到四个销地，各产地的产量、销地的销量和各产地运往各销地每件物品的运费见表 4.8。如何调运可使总运费最小？求其平衡运输问题的单位运价表。

表 4.8 单位运价

产地及销量	到各销地的运价/（元/t）				产量/t
	B_1	B_2	B_3	B_4	
A_1	2	12	3	10	7
A_2	1	3	2	7	13
A_3	5	7	8	3	9
销量/t	6	9	4	5	—

解 由于产量大于销量（7+13+9＞6+9+4+5），需要虚设一个销地，其运费为零，运量为 29－24＝5。其平衡运输问题的单位运价见表 4.9。

表 4.9 平衡运输问题的单位运价

产地及销量	到四个销地的运价/（元/t）					产量/t
	B_1	B_2	B_3	B_4	B_5 （虚设销地）	
A_1	2	12	3	10	0	7
A_2	1	3	2	7	0	13
A_3	5	7	8	3	0	9
销量/t	6	9	4	5	5	29

其数学模型为

$$\max Z = 2x_{11} + 12x_{12} + 3x_{13} + 10x_{14} + x_{21} + 3x_{22} +$$
$$2x_{23} + 7x_{24} + 5x_{31} + 7x_{32} + 8x_{33} + 3x_{34}$$

$$\begin{cases} x_{11} + x_{12} + x_{13} + x_{14} \leqslant 7 \\ x_{21} + x_{22} + x_{23} + x_{24} \leqslant 13 \\ x_{31} + x_{32} + x_{33} + x_{34} \leqslant 9 \\ x_{11} + x_{21} + x_{31} = 6 \\ x_{12} + x_{22} + x_{32} = 9 \\ x_{13} + x_{23} + x_{33} = 4 \\ x_{14} + x_{24} + x_{34} = 5 \\ x_{ij} \geqslant 0, \ i = 1,2,3; \ j = 1,2,3,4 \end{cases}$$

4.3.2 产量小于销量

当产量小于销量（$\sum a_i < \sum b_j$）时，运输问题的数学模型为

$$\min Z = \sum_{i=1}^{m} \sum_{j=1}^{n} c_{ij} x_{ij}$$

$$\begin{cases} \sum_{j=1}^{n} x_{ij} = a_i, \ i = 1, \cdots, m \\ \sum_{i=1}^{m} x_{ij} \leqslant b_j, \ j = 1, \cdots, n \\ x_{ij} \geqslant 0, \ i = 1, \cdots, m; \ j = 1, \cdots, n \end{cases}$$

由于总的产量小于总的销量，在转换为产销平衡问题时需要虚设一个产地 A_{m+1}，虚设产地的产量等于总销量减去总产量。由于是脱销，所以对于虚设的产地来说，运价 $c_{m+1,j}$ 为零。

【例 4.4】　从两个产地将物资运到三个销地，各产地的产量、销地的销量和各产地运往各销地每件物品的运价见表 4.10。如何调运可使总运费最小？求其平衡运输问题的单位运价表。

表 4.10　单位运价

产地及销量	到各销地的运价/（元/t）			产量/t
	B₁	B₂	B₃	
A₁	1	8	6	5
A₂	3	5	7	8
销量/t	3	6	8	—

解　由于产量小于销量（5＋8＜3＋6＋8），需要虚设一个产地，其运费为零，运量为 17－13＝4。其平衡运输问题的单位运价见表 4.11。

表 4.11　平衡运输问题的单位运价

产地及销量	到各销地的运价/（元/t）			产量/t
	B₁	B₂	B₃	
A₁	1	8	6	5
A₂	3	5	7	8
A₃（虚设产地）	0	0	0	4
销量/t	3	6	8	17 17

其数学模型为

$$\max Z = x_{11} + 8x_{12} + 6x_{13} + 3x_{21} + 5x_{22} + 7x_{23}$$

$$\begin{cases} x_{11} + x_{12} + x_{13} = 5 \\ x_{21} + x_{22} + x_{23} = 8 \\ x_{11} + x_{21} \leqslant 3 \\ x_{12} + x_{22} \leqslant 6 \\ x_{13} + x_{23} \leqslant 8 \\ x_{ij} \geqslant 0, \ i = 1,2; \ j = 1,2,3 \end{cases}$$

4.4　运输问题的应用

4.4.1　产销不平衡问题

【例 4.5】　有三个产地 A_i、三个销地 B_j，各产地产量分别为 10 个单位、4 个单位、6 个单位，由于客观条件的限制，销地 B_1 至少要销售 5 个单位的产品，最多只能销售 12 个单位的产品，B_2 必须销售 6 个单位的产品，B_3 至少要销售 4 个单位的产品，见表 4.12。如何调运可使总运费最小？求其平衡运输问题的单位运价表。

表 4.12　单位运价

产地及销量	到各销地的运价/（元/单位）			产量
	B_1	B_2	B_3	
A_1	2	4	3	10
A_2	5	3	6	4
A_3	1	2	4	6
销量	$5 \leqslant b_1 \leqslant 12$	$b_2 = 6$	$4 \leqslant b_3$	—

解　当 b_1 取最小值 5 时，销地 B_1 和 B_2 的总销量等于 11（5+6），而总产量为 20（10+4+6），所以在满足产销平衡的条件下，产地 B_3 的销量 b_3 最多等于 9。这样，若销地 B_1 和 B_3 的销量都取各自的最大值 12 和 9，则总产量可达 27（12+6+9），大于总销量 20，所以应增加一个虚设产地 A_4，其产量为 27−20=7，见表 4.13。

表 4.13　产量和销量

产地及销量	到各销地的运价/（元/单位）			产量
	B_1	B_2	B_3	
A_1	2	4	3	10
A_2	5	3	6	4
A_3	1	2	4	6
销量	$5 \leqslant b_1 \leqslant 12$	$b_2 = 6$	$4 \leqslant b_3 \leqslant 9$	—

销地 B_1 和 B_3 的销量应分成两部分：一部分是必须销售的，必须由产地 A_1、A_2、A_3 提供，而不能由虚设产地 A_4 提供，虚设产地 A_4 提供给必须销售部分的单位运价取充分大的正数 M；另一部分产品是可销售可不销售的，可由虚设产地提供，其相应的单位运价应取 0。其平衡运输问题的单位运价见表 4.14。

表 4.14　平衡运输问题的单位运价

产地及销量	至不同销地的运价/（元/单位）					产量
	B_1	B_1'	B_2	B_3	B_3'	
A_1	2	2	4	3	3	10
A_2	5	5	3	6	6	4
A_3	1	1	2	4	4	6
A_4（虚设产地）	M	0	M	M	0	7
销量	5	7	6	4	5	27　27

【例 4.6】　有 A_1、A_2、A_3 三个生产某种物资的产地，五个地区 B_1、B_2、B_3、B_4、B_5 对这种物资有需求。现要将这种物资从三个产地运往五个需求地区，各产地的产量、各需求地区的需要量和各产地运往各地区每单位物资的运费见表 4.15。其中，B_3 地区的 60 个单位必须满足。问：应如何调运可使总运费最小？求其平衡运输问题的单位运价表。

表 4.15　单位运价

产地及需求量	不同需求地的运价/（元/单位）					产量/t
	B_1	B_2	B_3	B_4	B_5	
A_1	10	15	20	20	40	50
A_2	20	40	15	30	30	100
A_3	30	35	40	55	25	130
需求量/t	25	120	60	30	70	—

解　设 $x_{ij}(i=1,2,3;j=1,\cdots,5)$ 为从产地运到销地的运量，产量之和为 280t，需求量之和为 305t，因产量小于需求量，引入一个虚拟产地，其产量为 $305-280=25$（t）。为了必须满足 B_3 地区 60 个单位的销量，设虚设产地到 B_3 地区的运价为 M（M 是一个足够大的正数），表示必须满足 B_3 地区 60 个单位的需求量。设虚设产地到 B_3 的运量为 x_{41}，要使总运费最小，运价 c_{41} 为 M，则 x_{41} 必须等于 0。其平衡运输问题的单位运价见表 4.16。

表 4.16 平衡运输问题的单位运价

产地及需求量	不同需求地的运价/（元/单位）					产量/t
	B_1	B_2	B_3	B_4	B_5	
A_1	10	15	20	20	40	50
A_2	20	40	15	30	30	100
A_3	30	35	40	55	25	130
A_4（虚设产地）	0	0	M	0	0	25
需求量/t	25	120	60	30	70	305 305

其数学模型为

$$\max Z = \sum_{i=1}^{3} \sum_{j=1}^{5} c_{ij} x_{ij}$$

$$\begin{cases} x_{11} + x_{12} + x_{13} + x_{14} + x_{15} = 50 \\ x_{21} + x_{22} + x_{23} + x_{24} + x_{25} = 100 \\ x_{31} + x_{32} + x_{33} + x_{34} + x_{35} = 130 \\ x_{11} + x_{21} + x_{31} \leqslant 25 \\ x_{12} + x_{22} + x_{32} \leqslant 120 \\ x_{13} + x_{23} + x_{33} \leqslant 60 \\ x_{14} + x_{24} + x_{34} \leqslant 30 \\ x_{15} + x_{25} + x_{35} \leqslant 70 \\ x_{ij} \geqslant 0, i = 1,2,3; j = 1,2,3,4,5 \end{cases}$$

4.4.2 转运问题

所谓转运问题，实质上是运输问题的一种，其特殊之处在于不是将工厂生产的产品直接送到销售部门，而是要经过某些中间环节，如仓储、配送等。

【例 4.7】 某食品公司经销的主要商品之一是糖果，该公司下面设有三个加工厂 A_1、A_2、A_3，各加工厂的产量分别为 7t、4t、9t。该公司把这些糖果分别运往 B_1、B_2、B_3、B_4 四个地区的门市部销售，四个地区每天的销售量为 3t、6t、5t、6t。已知从各个加工厂到各销售部门每吨的运价见表 4.17。

表 4.17　单位运价

加工厂及销量	到各门市部的运价/（元/t）				产量/t
	B_1	B_2	B_3	B_4	
A_1	3	11	3	10	7
A_2	1	4	2	8	4
A_3	7	9	10	3	9
销量/t	3	6	5	6	—

假设：

1）每个加工厂的糖果不一定直接发运到销售地，可以从其中的几个产地集中后一起运输。

2）运往各销售地的糖果可以先运至其中几个销售地，再转运至其他销售地。

3）除产销地之外还有几个中转站，在产地之间、销售地之间或在产地与销售地之间转运。

各产地、销售地、中转站及各地相互之间每吨糖果的运价见表 4.18。

表 4.18　转运运价

转运点	各转运点间每吨糖果的运价/（元/t）										
	A_1	A_2	A_3	T_1	T_2	T_3	T_4	B_1	B_2	B_3	B_4
A_1	0	1	3	2	1	4	3	3	11	3	10
A_2	1	0	—	3	5	—	2	1	9	2	8
A_3	3	—	0	1	—	2	3	7	4	10	5
T_1	2	3	1	0	1	3	2	2	8	4	6
T_2	1	5	—	1	0	1	1	4	5	2	7
T_3	4	—	2	3	1	0	2	1	8	2	6
T_4	3	2	3	2	1	2	0	1	—	2	4
B_1	3	1	7	2	4	1	1	0	1	4	2
B_2	11	9	4	8	5	8	—	1	0	2	1
B_3	3	2	10	4	2	2	2	4	2	0	3
B_4	10	8	5	6	7	4	6	2	1	3	0

在满足各部门销售的情况下，试求总运费最少的调运方案。

解　把此转运问题转化为一般运输问题。

1）把所有产地、销售地、中转站都看作产地和销地。

2）在运输表中设不可能方案的运费为 M，自身对自身的运费为 0。

3）对原产地 A_i 来说，产量超过 20，销量为 20；对转运站 T_i 来说，产量、销量均为 20；对原销地 B_i 来说，产量为 20，销量超过 20。其中，20 为各转运点的最大变化流量。

4）在最优方案中，x_{ii} 为自身对自身的运量，实际上不进行运作。

扩大的运输问题产销平衡与运价表见表 4.19。

表 4.19　扩大的运输问题产销平衡与运价

转运点	各转运点间每吨糖果的运价/（元/t）											产量/t
	A_1	A_2	A_3	T_1	T_2	T_3	T_4	B_1	B_2	B_3	B_4	
A_1	0	1	3	2	1	4	3	3	11	3	10	27
A_2	1	0	M	3	5	M	2	1	9	2	8	24
A_3	3	M	0	1	M	2	3	7	4	10	5	29
T_1	2	3	1	0	1	3	2	2	8	4	6	20
T_2	1	5	M	1	0	1	1	4	5	2	7	20
T_3	4	M	2	3	1	0	2	1	8	2	6	20
T_4	3	2	3	2	1	2	0	1	M	2	4	20
B_1	3	1	7	2	4	1	1	0	1	4	2	20
B_2	11	9	4	8	5	8	M	1	0	2	1	20
B_3	3	2	10	4	2	2	4	2	2	0	3	20
B_4	10	8	5	6	7	4	6	2	1	3	0	20
销量/t	20	20	20	20	20	20	20	23	26	25	26	240 / 240 / 240

【例 4.8】　　两家工厂甲和乙向三个零售店供应某种商品。两家工厂可供应的数量分别是 100 件和 200 件，三个零售店的需求分别为 200 件、100 件、100 件。已知工厂和零售店之间可以转运，单位运输成本见表 4.20。

表 4.20　单位运输成本

工厂及零售店	各工厂及零售店的运价/元				
	甲厂	乙厂	零售店 1	零售店 2	零售店 3
甲厂	0	6	7	8	9
乙厂	6	0	5	4	3
零售店 1	7	2	0	5	1
零售店 2	1	5	1	0	4
零售店 3	8	9	7	6	0

求其平衡运输问题的产销运价表。

解 由题意知，产量总和为 $100+200=300$ （件），销量总和为 $200+100+100=400$ （件），属于产销不平衡问题。虚设产地 D（D 不能作为转运地，否则由于运输成本为 0，所有商品都会运到这个虚设的销地），产量为 $400-300=100$ （件）。原来的产地和销地具有转运作用，所以在原来的产量和销量上加上 400 件。其平衡运输问题的产销运价见表 4.21。

表 4.21　平衡运输问题的产销运价

工厂及零售店	各工厂及零售店的运价/元					产量/件
	甲厂	乙厂	零售店 1	零售店 2	零售店 3	
甲厂	0	6	7	8	9	500
乙厂	6	0	5	4	3	600
零售店 1	7	2	0	5	1	400
零售店 2	1	5	1	0	4	400
零售店 3	8	9	7	6	0	400
产地 D	0	0	M	M	M	100
销量/件	400	400	600	500	500	2400 / 2400

4.5　指派问题

4.5.1　指派问题的数学模型

在生活中经常会遇到各种类型的问题：有若干项工作需要分配给若干人（或部门）来完成；有若干项合同需要选择若干个投标者来承包；某单位有 n 项任务，恰好有 n 个人可以完成这些任务等。诸如此类的问题称为指派问题或分派问题。它们的基本要求是在满足特定的指派要求条件下，使指派方案的总体效果最佳。由于指派问题的多样性，有必要定义指派问题的标准形式。

指派问题的标准形式（以人和事为例）是：有 n 个人和 n 件事，已知第 i 个人做第 j 件事的费用为 $c_{ij}(i,j=1,2,\cdots,n)$，要求确定人和事之间一一对应的指派方案，使完成这 n 件事的总费用最少。

为了建立标准指派问题的数学模型，假设有 n 项任务，恰好有 n 个人可以完成这些任务。设

$$x_{ij} = \begin{cases} 0, \text{若不指派第 } i \text{ 人做第 } j \text{ 件事} \\ 1, \text{若指派第 } i \text{ 人做第 } j \text{ 件事} \end{cases}, i, j = 1, 2, \cdots, n$$

这样，问题的数学模型可写成

$$\min Z = \sum_{i=1}^{n} \sum_{j=1}^{n} c_{ij} x_{ij} \qquad (a)$$

$$\begin{cases} \sum_{i=1}^{n} x_{ij} = 1, j = 1, 2, \cdots, n & (b) \\[3mm] \sum_{j=1}^{n} x_{ij} = 1, i = 1, 2, \cdots, n & (c) \\[3mm] x_{ij} = 0, 1, i, j = 1, 2, \cdots, n & (d) \end{cases}$$

式（b）表示每件事必有且只有一个人去做，式（c）表示每个人必做且只做一件事。

注意：

1) 指派问题是产量（a_i）和销量（b_j）相等，且 $a_i = b_j = 1, i, j = 1, 2, \cdots, n$ 的运输问题。

2) 有时也称 c_{ij} 为第 i 个人完成第 j 件工作所需的资源数，称为效率系数（或价值系数），并称矩阵

$$\boldsymbol{C} = (c_{ij})_{n \times n} = \begin{bmatrix} c_{11} & c_{12} & \cdots & c_{1n} \\ c_{21} & c_{22} & \cdots & c_{2n} \\ \vdots & \vdots & \vdots & \vdots \\ c_{n1} & c_{n2} & \cdots & c_{nn} \end{bmatrix}$$

为效率矩阵（或价值系数矩阵）。

称决策变量 x_{ij} 排成的 $n \times n$ 矩阵

$$\boldsymbol{X} = (x_{ij})_{n \times n} = \begin{bmatrix} x_{11} & x_{12} & \cdots & x_{1n} \\ x_{21} & x_{22} & \cdots & x_{2n} \\ \vdots & \vdots & \vdots & \vdots \\ x_{n1} & x_{n2} & \cdots & x_{nn} \end{bmatrix}$$

为决策变量矩阵。

决策变量矩阵的特征是它有 n 个 1，其他都是 0。这 n 个 1 位于不同行、不同列。每一种情况为指派问题的一个可行解，共有 $n!$ 个解。

【例 4.9】　某出版集团计划建设五个仓库。为了尽早建成营业，该出版集团决定由 5 家建筑公司分别承建五个仓库。已知建筑公司 $A_i(i=1,2,\cdots,5)$ 对新仓库 $B_j(j=1,2,\cdots,5)$ 的建造费用的报价（万元）为 $c_{ij}(i,j=1,2,\cdots,5)$，见表 4.22。该

出版集团对 5 家建筑公司应当怎样分派建设任务，才能使总的建设费用最少？

表 4.22 建筑公司对新仓库的建造费用报价

建筑公司	各仓库的建造费用报价/万元				
	B_1	B_2	B_3	B_4	B_5
A_1	4	8	7	15	12
A_2	7	9	17	14	10
A_3	6	9	12	8	7
A_4	6	7	14	6	10
A_5	6	9	12	10	6

解 这是一个标准的指派问题，设

$$x_{ij} = \begin{cases} 1, & \text{当 } A_i \text{ 承建 } B_j \text{ 时} \\ 0, & \text{当 } A_i \text{ 不承建 } B_j \text{ 时} \end{cases}, \quad i,j = 1,2,\cdots,5$$

该问题的数学模型为

$$\min Z = 4x_{11} + 8x_{12} + \cdots + 10x_{54} + 6x_{55}$$

$$\begin{cases} \sum_{i=1}^{5} x_{ij} = 1, j = 1,2,\cdots,5 \\ \sum_{j=1}^{5} x_{ij} = 1, i = 1,2,\cdots,5 \\ X_{ij} = 0,1, i,j = 1,2,\cdots,5 \end{cases}$$

此问题可以看成 5 个产地的产量都为 1 个单位、5 个销地的销量都为 1 个单位的运输问题。

4.5.2 匈牙利解法的原理

指派问题是一类特殊的运输问题，可以用表上作业法来求解。1955 年，库恩（W. W. Kuhn）提出了匈牙利解法，该解法能充分利用指派问题的特殊性质，有效地减少计算量。

定理 1 设指派问题的效率矩阵为 $C = (c_{ij})_{n \times n}$，若将该矩阵某一行（或某一列）的各个元素都减去同一常数 μ（μ 可正可负），得到新的效率矩阵 $C' = (c'_{ij})_{n \times n}$，则以 C' 为效率矩阵的新指派问题与原指派问题的最优解相同，但其最优解比原最优解减少 μ。

证明： 设式（a）～式（d）为原指派问题。现在矩阵 C 的第 k 行各元素都减去同一常数 μ，记新指派问题的目标函数为 Z'，则有

$$Z' = \sum_{i=1}^{n}\sum_{j=1}^{n} c'_{ij} x_{ij} = \sum_{\substack{i=1\\i\neq k}}^{n}\sum_{j=1}^{n} c'_{ij} x_{ij} + \sum_{j=1}^{n} c'_{ij} x_{ij} = \sum_{\substack{i=1\\i\neq k}}^{n}\sum_{j=1}^{n} c_{ij} x_{ij} + \sum_{j=1}^{n}(c_{kj}-\mu) x_{kj}$$

$$= \sum_{\substack{i=1\\i\neq k}}^{n}\sum_{j=1}^{n} c_{ij} x_{ij} + \sum_{j=1}^{n} c_{kj} x_{kj} - \mu \sum_{j=1}^{n} x_{kj} = \sum_{i=1}^{n}\sum_{j=1}^{n} c_{ij} x_{ij} - \mu \cdot 1 = Z - \mu$$

因此有

$$\min Z' = \min(Z - \mu) = \min Z - \mu$$

又新指派问题与原指派问题的约束方程相同，因此其最优解比相同，而最优解差一个常数。

推论：若将指派问题的效率矩阵每一行及每一列分别减去各行及各列的最小元素，则得到的新指派问题与原指派问题有相同的最优解。

当将效率矩阵的每一行都减去各行的最小元素，将所得矩阵的每一列再减去当前列中的最小元素，则最后得到的新效率矩阵 C' 中必然会出现一些零元素。设 $c'_{ij}=0$，从第 i 行来看，它表示第 i 个人去做第 j 项工作效率（相对）最好。而从第 j 列来看，$c'_{ij}=0$ 表示第 j 项工作由第 i 个人来做效率（相对）最高。

定义：在效率矩阵 C 中，有一组不同行不同列的零元素，称为独立零元素组，此时每个零元素称为独立零元素。

例如，已知 $C = \begin{bmatrix} 5 & 0 & 2 & 0 \\ 2 & 3 & 0 & 0 \\ 0 & 5 & 6 & 7 \\ 4 & 8 & 0 & 0 \end{bmatrix}$，则 $\{c_{12}=0, c_{24}=0, c_{31}=0, c_{43}=0\}$ 是一个独立零元素组，$c_{12}=0, c_{24}=0, c_{31}=0, c_{43}=0$ 分别称为独立零元素。

$\{c_{12}=0, c_{23}=0, c_{31}=0, c_{44}=0\}$ 也是一个独立零元素组，而 $\{c_{14}=0, c_{23}=0, c_{31}=0, c_{44}=0\}$ 不是一个独立零元素组，因为 $c_{14}=0$ 与 $c_{44}=0$ 这两个零元素位于同一列中。

根据以上对效率矩阵中零元素的分析，对效率矩阵 C 中出现的独立零元素组中零元素所处的位置，在决策变量矩阵中令相应的 $x_{ij}=1$，其余的 $x_{ij}=0$，就可找到指派问题的一个最优解。

上例中，$X_{(1)} = \begin{bmatrix} 0 & 1 & 0 & 0 \\ 0 & 0 & 0 & 1 \\ 1 & 0 & 0 & 0 \\ 0 & 0 & 1 & 0 \end{bmatrix}$ 就是一个最优解。同理，$X_{(2)} = \begin{bmatrix} 0 & 1 & 0 & 0 \\ 0 & 0 & 1 & 0 \\ 1 & 0 & 0 & 0 \\ 0 & 0 & 0 & 1 \end{bmatrix}$

也是一个最优解。

但是在有的问题中发现效率矩阵 C 中独立零元素的个数不够 n 个，这样就无法求出最优指派方案，需做进一步的分析。首先给出下述定理。

定理 2 效率矩阵 C 中独立零元素的最多个数等于能覆盖所有零元素的最少直线数。

指派问题的求解步骤如下：

1）变换指派问题的系数矩阵 (c_{ij}) 为 (b_{ij})，使 (b_{ij}) 的各行各列中都出现零元素，即 (c_{ij}) 的每行元素都减去该行的最小元素，再从所得新系数矩阵的每列元素中减去该列的最小元素。

2）进行试指派，以寻求最优解。在 (b_{ij}) 中找出尽可能多的独立零元素。若能找出 n 个独立零元素，就以这 n 个独立零元素对应解矩阵 (x_{ij}) 中的 $x_{ij}=1$，其余的 $x_{ij}=0$，这就得到了最优解。

找独立零元素常用的步骤如下：

① 从只有一个零元素的行开始，给该行中的零元素加圈，记作"◎"，然后划去"◎"所在列的其他零元素，记作 Ø，表示该列所代表的任务已指派完，不必再考虑其他人了。依次进行到最后一行。

② 从只有一个零元素的列开始（画"Ø"的不计在内），给该列中的零元素加圈，记作"◎"，然后划去"◎"所在行的零元素，记作"Ø"，表示此人已有任务，不再为其指派其他任务。依次进行到最后一列。

③ 若仍存在没有划圈的零元素，且同行（列）的零元素至少有两个，比较这行各零元素所在列中零元素的数目，选择零元素少的列的一行零元素加圈（表示选择性多的要"礼让"选择性少的），然后划掉同行同列的其他零元素。反复进行，直到所有零元素都已圈出或划掉为止。

④ 若"◎"元素的数目 m 等于矩阵的阶数 n（即 $m=n$），则这个指派问题的最优解已得到。若 $m<n$，则转入下一步。

3）以最少的直线通过所有零元素。其方法如下：

① 没有"◎"的行打"√"。

② 已打"√"的行中所有含"Ø"元素的列打"√"。

③ 再对打有"√"的列中含"◎"元素的行打"√"。

④ 重复①、②步，直到没有新的打"√"的行、列。

⑤ 对没有打"√"的行画横线，有打"√"的列画纵线，就可得到覆盖所有零元素的最少直线数 l。

注意：l 应等于 m，若不相等，说明试指派过程有误，回到步骤 2），另行试指派；若 $l=m<n$，表示还不能确定最优指派方案，须再变换当前的系数矩阵，以找到 n 个独立的零元素，为此转至步骤 4）。

4）变换矩阵 (b_{ij}) 以增加零元素。在没有被直线覆盖的所有元素中找出最小元素，然后打"√"的各行都减去这个最小元素，打"√"的各列都加上这个最小元素（以保证系数矩阵中不出现负元素）。新系数矩阵的最优解和原问题仍相同。转至步骤2）。

【例 4.10】　已知矩阵

$$C_1=\begin{bmatrix}5&0&2&0\\2&3&0&0\\0&5&6&7\\4&8&0&0\end{bmatrix},\ C_2=\begin{bmatrix}5&0&2&0&2\\2&3&0&0&0\\0&5&5&7&2\\4&8&0&0&4\\0&6&3&6&5\end{bmatrix},\ C_3=\begin{bmatrix}7&0&2&0&2\\4&3&0&0&0\\0&3&3&5&1\\6&8&0&0&4\\0&4&1&4&3\end{bmatrix}$$

分别用最少的直线覆盖各矩阵中的零元素。

解

$$C_1=\begin{bmatrix}5&0&2&0\\2&3&0&0\\0&5&6&7\\4&8&0&0\end{bmatrix},\ C_2=\begin{bmatrix}5&0&2&0&2\\2&3&0&0&0\\0&5&5&7&2\\4&8&0&0&4\\0&6&3&6&5\end{bmatrix},\ C_3=\begin{bmatrix}7&0&2&0&2\\4&3&0&0&0\\0&3&3&5&1\\6&8&0&0&4\\0&4&1&4&3\end{bmatrix}$$

可见，C_1 最少需要 4 条线，C_2 最少需要 4 条线，C_3 最少需要 5 条线，方能划掉矩阵中所有的零，即它们独立零元素组中的零元素最多分别为 4 个、4 个、5 个。

【例 4.11】　有一份中文说明书，需译成英、日、德、俄四种文字，分别记作 A、B、C、D。现有甲、乙、丙、丁四人，他们将中文说明书译成不同语种的说明书所需的时间见表 4.23。问：如何分派任务，可使翻译工作所需的总时间最少？

表 4.23　翻译工作所需的时间　　　　　　　　单位：h

人员	任务			
	A	B	C	D
甲	6	7	11	2
乙	4	5	9	8
丙	3	1	10	4
丁	5	8	8	2

解 给定的效率矩阵为

$$(c_{ij}) = \begin{bmatrix} 2 & 15 & 13 & 4 \\ 10 & 4 & 14 & 15 \\ 9 & 14 & 16 & 13 \\ 7 & 8 & 11 & 9 \end{bmatrix}$$

1）变换系数矩阵，增加零元素。

$$(c_{ij}) = \begin{bmatrix} 6 & 7 & 11 & 2 \\ 4 & 5 & 9 & 8 \\ 3 & 1 & 10 & 4 \\ 5 & 9 & 8 & 2 \end{bmatrix} \begin{matrix} -2 \\ -4 \\ -1 \\ -2 \end{matrix} \Rightarrow \begin{bmatrix} 4 & 5 & 9 & 0 \\ 0 & 1 & 5 & 4 \\ 2 & 0 & 9 & 3 \\ 3 & 7 & 6 & 0 \end{bmatrix} \Rightarrow \begin{bmatrix} 4 & 5 & 4 & 0 \\ 0 & 1 & 0 & 4 \\ 2 & 0 & 4 & 3 \\ 3 & 7 & 1 & 0 \end{bmatrix}$$

2）试指派（找独立零元素）。

$$\begin{bmatrix} 4 & 5 & 4 & ⓪ \\ ⓪ & 1 & ∅ & 4 \\ 2 & ⓪ & 4 & 3 \\ 3 & 7 & 1 & ∅ \end{bmatrix}$$

找到 3 个独立零元素，但 $m=3<n=4$。

3）作最少的直线，覆盖所有零元素。

独立零元素的个数 m 等于最少直线数 l，即 $l=m=3<n=4$。

$$\begin{bmatrix} 4 & 5 & 4 & ⓪ \\ ⓪ & 1 & ∅ & 4 \\ 2 & ⓪ & 4 & 3 \\ 3 & 7 & 1 & ∅ \end{bmatrix}$$

4）没有被直线通过的元素中选择最小值为 1，变换系数矩阵，将没有被直线通过的所有元素减去这个最小元素，直线交点处的元素加上这个最小值，得到新的矩阵，重复步骤 2），进行试指派。

$$\begin{bmatrix} 3 & 4 & 3 & 0 \\ 0 & 1 & 0 & 5 \\ 2 & 0 & 4 & 4 \\ 2 & 6 & 0 & 0 \end{bmatrix} \Rightarrow \begin{bmatrix} 3 & 4 & 3 & ⓪ \\ ⓪ & 1 & ∅ & 5 \\ 2 & ⓪ & 4 & 4 \\ 2 & 6 & ⓪ & ∅ \end{bmatrix}$$

得到 4 个独立零元素，所以最优解矩阵为

$$\begin{bmatrix} 0 & 0 & 0 & 1 \\ 1 & 0 & 0 & 0 \\ 0 & 1 & 0 & 0 \\ 0 & 0 & 1 & 0 \end{bmatrix}$$

即甲翻译俄文，乙翻译英文，丙翻译日文，丁翻译德文，完成四个任务的总时间最少为 $2+4+1+8=15$ （h）。

【例 4.12】 已知五人分别完成五项工作耗费的时间见表 4.24，求最优工作分配方案。

表 4.24 五人完成五项工作耗费的时间　　　　单位：h

人员	任务				
	A	B	C	D	E
甲	7	5	9	8	11
乙	9	12	7	11	9
丙	8	5	4	6	8
丁	7	3	6	9	6
戊	4	6	7	5	11

解　1) 变换系数矩阵，增加零元素。

$$\begin{bmatrix} 7 & 5 & 9 & 8 & 11 \\ 9 & 12 & 7 & 11 & 9 \\ 8 & 5 & 4 & 6 & 9 \\ 7 & 3 & 6 & 9 & 6 \\ 4 & 6 & 7 & 5 & 11 \end{bmatrix} \begin{matrix} -5 \\ -7 \\ -4 \\ -3 \\ -4 \end{matrix} \Rightarrow \begin{bmatrix} 2 & 0 & 4 & 3 & 6 \\ 2 & 5 & 0 & 4 & 2 \\ 4 & 1 & 0 & 2 & 5 \\ 4 & 0 & 3 & 6 & 3 \\ 0 & 2 & 3 & 1 & 7 \end{bmatrix}$$

$$\begin{matrix} & & -1 & -2 & \end{matrix}$$

$$\Rightarrow \begin{bmatrix} 2 & 0 & 4 & 2 & 4 \\ 2 & 5 & 0 & 3 & 0 \\ 4 & 1 & 0 & 1 & 3 \\ 4 & 0 & 3 & 5 & 1 \\ 0 & 2 & 3 & 0 & 5 \end{bmatrix} \Rightarrow \begin{bmatrix} 2 & \circledcirc & 4 & 2 & 4 \\ 2 & 5 & \oslash & 3 & \circledcirc \\ 4 & 1 & \circledcirc & 1 & 3 \\ 4 & \oslash & 3 & 5 & 1 \\ \circledcirc & 2 & 3 & \oslash & 5 \end{bmatrix}$$

2) 独立零元素的个数 $l=4<5$，故画直线调整矩阵。

$$
\Rightarrow
\begin{bmatrix}
2 & ⓪ & 4 & 2 & 4 \\
2 & 5 & \emptyset & 3 & ⓪ \\
4 & 1 & ⓪ & 1 & 3 \\
4 & \emptyset & 3 & 5 & 1 \\
⓪ & 2 & 3 & \emptyset & 5
\end{bmatrix}
$$

3）选择直线外的最小元素为 1，直线外元素减 1，直线交点元素加 1，其他保持不变。

$$
\Rightarrow
\begin{bmatrix}
1 & ⓪ & 3 & 1 & 3 \\
2 & 6 & \emptyset & 3 & ⓪ \\
4 & 2 & ⓪ & 1 & 3 \\
3 & \emptyset & 2 & 4 & \emptyset \\
⓪ & 3 & 3 & \emptyset & 5
\end{bmatrix}
$$

4）$l = m = 4 < n = 5$，选择直线外最小元素为 1，直线外元素减 1，直线交点元素加 1，其他保持不变，得到新的系数矩阵。

$$
\Rightarrow
\begin{bmatrix}
\emptyset & ⓪ & 3 & \emptyset & 3 \\
1 & 6 & ⓪ & 2 & \emptyset \\
3 & 2 & \emptyset & ⓪ & 3 \\
2 & \emptyset & 2 & 3 & ⓪ \\
⓪ & 4 & 4 & \emptyset & 6
\end{bmatrix}
$$

5）总耗时为 $=5+7+6+6+4=28$（h）。此问题有多解，如下列两种情况也是最优解：

$$
\begin{bmatrix}
⓪ & \emptyset & 3 & \emptyset & 3 \\
1 & 6 & \emptyset & 2 & ⓪ \\
3 & 2 & ⓪ & \emptyset & 3 \\
2 & ⓪ & 2 & 3 & \emptyset \\
\emptyset & 4 & 4 & ⓪ & 6
\end{bmatrix}
\qquad
\begin{bmatrix}
\emptyset & \emptyset & 3 & ⓪ & 3 \\
1 & 6 & \emptyset & 2 & ⓪ \\
3 & 2 & ⓪ & \emptyset & 3 \\
2 & ⓪ & 2 & 3 & \emptyset \\
⓪ & 4 & 4 & \emptyset & 6
\end{bmatrix}
$$

总耗时为 $=7+9+4+3+5=28$（h）　总耗时为 $=8+9+4+3+4=28$（h）

4.5.3　一般的指派问题

在实际应用中常会遇到非标准形式的指派问题，解决的思路是：先转化成标准形式，再用匈牙利法求解。

1. 最大化的指派问题

其一般形式为

$$\max Z = \sum_{i=1}^{n} \sum_{j=1}^{n} c_{ij} x_{ij}$$

$$\begin{cases} \sum_{i=1}^{n} x_{ij} = 1, j = 1, \cdots, n \\ \sum_{j=1}^{n} x_{ij} = 1, i = 1, \cdots, n \\ x_{ij} = 0, 1, i, j = 1, \cdots, n \end{cases}$$

解决方法：设最大化的指派问题的系数矩阵为 $C = (c_{ij})_{n \times n}$，$m = \max\{c_{11},$ $c_{12}, \cdots, c_{nn}\}$，令 $B = (b_{ij})_{n \times n} = (m - c_{ij})_{n \times n}$，则以 B 为系数矩阵的最小化指派问题和以 C 为系数矩阵的原最大化指派问题有相同的最优解。

【例 4.13】 某工厂有四名工人 A_1、A_2、A_3、A_4，分别操作四台车床 B_1、B_2、B_3、B_4。每人每小时的产量见表 4.25，求产量最大的分配方案。

表 4.25 每人每小时的产量 单位：件

工人	车床			
	B_1	B_2	B_3	B_4
A_1	10	9	8	7
A_2	3	4	5	6
A_3	2	1	1	2
A_4	4	3	5	6

解 $C = (c_{ij})_{n \times n} = \begin{bmatrix} 10 & 9 & 8 & 7 \\ 3 & 4 & 5 & 6 \\ 2 & 1 & 1 & 2 \\ 4 & 3 & 5 & 6 \end{bmatrix}$, $m = \max\{10, 9, 8, 7, \cdots, 5, 6\} = 10$

$$B = (b_{ij})_{n \times n} = (10 - c_{ij})_{n \times n} = \begin{bmatrix} 0 & 1 & 2 & 3 \\ 7 & 6 & 5 & 4 \\ 8 & 9 & 9 & 8 \\ 6 & 7 & 5 & 4 \end{bmatrix} \Rightarrow \begin{bmatrix} 0 & 1 & 2 & 3 \\ 3 & 2 & 1 & 0 \\ 0 & 1 & 1 & 0 \\ 2 & 3 & 1 & 0 \end{bmatrix}$$

$$\Rightarrow \begin{bmatrix} 0 & 0 & 1 & 3 \\ 3 & 1 & 0 & 0 \\ 0 & 0 & 0 & 0 \\ 2 & 2 & 0 & 0 \end{bmatrix} = \boldsymbol{B}'$$

$\boldsymbol{B}'$ 中 ⓪ 的个数 $=n=4$，所以

$$\boldsymbol{X} = \begin{bmatrix} 1 & 0 & 0 & 0 \\ 0 & 0 & 0 & 1 \\ 0 & 1 & 0 & 0 \\ 0 & 0 & 1 & 0 \end{bmatrix}$$

即为最优解，也是产量最大的分配方案，最大产量为

$$Z = 10 + 6 + 1 + 5 = 22 \text{（件）}$$

2. 人数和事件数不等的指派问题

1）若人数＜事件数，添加一些虚拟的人，此时这些虚拟的人做各件事的费用系数取为 0，理解为这些费用实际上不会发生。

2）若人数＞事件数，添加一些虚拟的事，此时这些虚拟的事被各个人做的费用系数同样取为 0。

【例 4.14】 现有四个工人、五项工作，工人做每项工作花费的时间见表 4.26。

表 4.26 工人做每项工作花费的时间 单位：h

工人	工作				
	B_1	B_2	B_3	B_4	B_5
A_1	10	11	4	2	8
A_2	7	11	10	14	12
A_3	5	6	9	12	14
A_4	13	15	11	10	7

问：指派哪个人去完成哪项工作，可使花费的总时间最少？

解 添加虚拟人 A_5，构造标准耗时矩阵。

$$C = \begin{bmatrix} 10 & 11 & 4 & 2 & 8 \\ 7 & 11 & 10 & 14 & 12 \\ 5 & 6 & 9 & 12 & 14 \\ 13 & 15 & 11 & 10 & 7 \\ 0 & 0 & 0 & 0 & 0 \end{bmatrix} \xrightarrow{\text{行变换}} \begin{bmatrix} 8 & 9 & 2 & 0 & 6 \\ 0 & 4 & 3 & 7 & 5 \\ 0 & 1 & 4 & 7 & 9 \\ 6 & 8 & 4 & 3 & 0 \\ 0 & 0 & 0 & 0 & 0 \end{bmatrix} = C'$$

所圈 0 数 $=4<5=n$，下面找最少覆盖 0 的直线。

$$C' = \begin{bmatrix} 8 & 9 & 2 & 0 & 6 \\ 0 & 4 & 3 & 7 & 5 \\ 0 & 1 & 4 & 7 & 9 \\ 6 & 8 & 4 & 3 & 0 \\ 0 & 0 & 0 & 0 & 0 \end{bmatrix}$$

从未划去的元素中找最小者：$\min\{4,3,7,5,1,4,7,9\}=1$。未划去的行减去此最小者 1，划去的列加上此最小者 1，得 C''。

$$C'' = \begin{bmatrix} 9 & 9 & 2 & ⓪ & 6 \\ ⓪ & 3 & 2 & 6 & 4 \\ \emptyset & ⓪ & 3 & 6 & 8 \\ 7 & 8 & 4 & 3 & ⓪ \\ 1 & \emptyset & ⓪ & \emptyset & \emptyset \end{bmatrix}$$

C'' 中 ⓪ 的个数 $=n$，从而得一最优指派为

$$X^* = \begin{bmatrix} 0 & 0 & 0 & 1 & 0 \\ 1 & 0 & 0 & 0 & 0 \\ 0 & 1 & 0 & 0 & 0 \\ 0 & 0 & 0 & 0 & 1 \\ 0 & 0 & 1 & 0 & 0 \end{bmatrix}$$

最少耗时为 $Z=2+7+6+7=22$ （h）。

3. 一个人可做几件事的指派问题

若某人可做几件事，则可将该人看作相同的几个人来接受指派，这几个人做同一件事的费用系数相同。

4. 某事不能由某人去做的指派问题

某事不能由某人去做，可将此人做此事的费用取作足够大的 M。

【例 4.15】　分配甲、乙、丙、丁四个人去完成 A、B、C、D、E 五项任务，

每人完成各项任务的时间见表 4.27。由于任务重、人数少，考虑：任务 E 必须完成，其他四项任务可选三项完成。试分别确定最优分配方案，使完成任务的总时间最少。

表 4.27 每人完成各项任务需要的时间   单位：h

工人	任务				
	A	B	C	D	E
甲	25	29	31	42	37
乙	39	38	26	20	33
丙	34	27	28	40	32
丁	24	42	36	23	45

解 这是不平衡指派问题，首先转换为标准型，再用匈牙利法求解。

由于任务数多于人数，所以假定一名虚拟人，设为戊。因为工作 E 必须完成，故设戊完成 E 的时间为 M（M 为非常大的数），其余效率系数为 0，则标准型的效率矩阵见表 4.28。

表 4.28 标准型的效率矩阵   单位：h

工人	任务				
	A	B	C	D	E
甲	25	29	31	42	37
乙	39	38	26	20	33
丙	34	27	28	40	32
丁	24	42	36	23	45
戊	0	0	0	0	M

用匈牙利法求解，过程如下：

$$C = \begin{bmatrix} 25 & 29 & 31 & 42 & 37 \\ 39 & 38 & 26 & 20 & 33 \\ 34 & 27 & 28 & 40 & 32 \\ 24 & 42 & 36 & 23 & 45 \\ 0 & 0 & 0 & 0 & M \end{bmatrix} \begin{matrix} -29 \\ -20 \\ -27 \\ -23 \\ \end{matrix} \xrightarrow{\text{行变换}} \begin{bmatrix} -4 & 0 & 2 & 13 & 8 \\ 19 & 18 & 6 & 0 & 13 \\ 7 & 0 & 1 & 13 & 5 \\ 1 & 19 & 13 & 0 & 22 \\ 0 & 0 & 0 & 0 & M \end{bmatrix}$$

$$\xrightarrow[\text{第五列减5}]{\text{列变换}} \begin{bmatrix} -4 & 0 & 2 & 13 & 3 \\ 19 & 18 & 6 & 0 & 8 \\ 7 & 0 & 1 & 13 & 0 \\ 1 & 19 & 13 & 0 & 17 \\ 0 & 0 & 0 & 0 & M \end{bmatrix} \longrightarrow \begin{bmatrix} -4 & ◎ & 2 & 13 & 3 \\ 19 & 18 & 6 & ◎ & 8 \\ 7 & ◎ & 1 & 13 & \varnothing \\ 1 & 19 & 13 & \varnothing & 17 \\ ◎ & \varnothing & \varnothing & \varnothing & M \end{bmatrix}$$

由于◎的个数＝4＜5＝阶数，下面找最少覆盖 0 的直线。

$$C' = \begin{bmatrix} -4 & 0 & 2 & 13 & 3 \\ 19 & 18 & 6 & 0 & 8 \\ 7 & 0 & 1 & 13 & 0 \\ 1 & 19 & 13 & 0 & 17 \\ 0 & 0 & 0 & 0 & M \end{bmatrix} \begin{matrix} \\ \checkmark -1 \\ \\ \checkmark -1 \\ \\ \end{matrix}$$

min {19，18，6，8，1，19，13，17} ＝1，第二、四行减去 1，第四列加上 1，得

$$C'' = \begin{bmatrix} -4 & 0 & 2 & 14 & 3 \\ 18 & 17 & 5 & 0 & 7 \\ 7 & 0 & 1 & 14 & 0 \\ 0 & 18 & 12 & 0 & 16 \\ 0 & 0 & 0 & 1 & M \end{bmatrix} \longrightarrow \begin{bmatrix} -4 & ◎ & 2 & 14 & 3 \\ 18 & 17 & 5 & ◎ & 7 \\ 7 & \varnothing & 1 & 14 & ◎ \\ ◎ & 18 & 12 & \varnothing & 16 \\ \varnothing & \varnothing & ◎ & 1 & M \end{bmatrix}$$

$$\longrightarrow \begin{bmatrix} 0 & 1 & 0 & 0 & 0 \\ 0 & 0 & 0 & 1 & 0 \\ 0 & 0 & 0 & 0 & 1 \\ 1 & 0 & 0 & 0 & 0 \\ 0 & 0 & 1 & 0 & 0 \end{bmatrix}$$

从而得到最优指派方案：甲做 B，乙做 D，丙做 E，丁做 A，任务 C 放弃。
最少的耗时数 $Z＝29＋20＋32＋24＝105$ （h）。

思考与练习

1. 判断表 4.29 和表 4.30 中的方案是否为用表上作业法求解的初始方案。

表 4.29 初始方案（一）

产地及销量	到不同销地的运费/（元/t）						产量/t
	B_1	B_2	B_3	B_4	B_5	B_6	
A_1	20	10	—				30
A_2	—	30	20				50
A_3	—	—	10	10	50	5	75
A_4	—					20	20
销量/t	20	40	30	10	50	25	—

表 4.30 初始方案（二）

产地及销量	到不同销地的运费/（元/t）				产量/t
	B_1	B_2	B_3	B_4	
A_1	—	—	6	5	11
A_2	5	4	—	2	11
A_3	—	5	3	—	8
销量/t	5	9	9	7	—

2. 有三个产地 A_i、三个销地 B_j，各销地需求量分别为 12 个单位、4 个单位、6 个单位，由于客观条件的限制和销售需要，相关数据见表 4.31。试求该运输问题总运费最少的运输方案。

表 4.31 相关数据

产地及销量	到不同销地的运费/（元/t）			最高产量/t	最低产量/t
	B_1	B_2	B_3		
A_1	3	4	3	11	6
A_2	5	3	6	8	8
A_3	2	2	4	不限	4
销量/t	12	4	6	—	—

3. 北京某供暖公司需要为甲、乙、丙三个社区供暖，每年分别需要用煤 3100t、1100t、2100t，由 A 市、B 市两处煤矿负责供应，假设价格、质量相同。其供应能力分别为 1500t、4300t，从 A、B 两市运到甲、乙、丙三个社区的单位运价见表 4.32。

表 4.32 单位运价

煤矿及需要量	至三个社区的运价/（元/t）			供应能力/t
	甲区	乙区	丙区	
A 市	1.80	1.70	1.55	1500
B 市	1.60	1.50	1.75	4300
需要量/t	3100	1100	2100	—

由于需要量大于供应量，该供暖公司研究决定，甲社区供应量可减少 0～300t，乙社区必须满足需求量，丙社区供应量不少于 1500t，试求总费用最低的调运方案。要求列出该问题的产销平衡运价表。

4. 设有两个工厂 A、B，产量分别为 9 个单位和 8 个单位；四个顾客分别为 1、2、3、4，需求量分别为 3、5、4、5；三个仓库为 X、Y、Z。工厂到仓库、仓库到顾客的运费单价见表 4.33。试求总运费最少的运输方案及总运费。

表 4.33 运费单价

仓库	工厂到仓库、仓库到顾客的运费单价/元					
	A	B	顾客1	顾客2	顾客3	顾客4
X	1	3	5	7	100	100
Y	2	1	9	6	7	100
Z	100	2	100	6	7	4

5. 冰箱制造公司设有两个装配厂，且在四个地区有销售公司。该公司生产和销售的相关数据见表 4.34～表 4.36。

表 4.34 装配厂的有关数据

装配厂	甲	乙
产量/辆	1700	1500
装配费用/（元/辆）	68	56

表 4.35 各销售公司的需求量

销售公司	A	B	C	D
需求量/辆	800	880	750	900

表 4.36　从装配厂到销售公司的运价　　　　　单位：元/km

装配厂	销售公司			
	A	B	C	D
甲	9	6	10	18
乙	5	17	15	11

各销售公司需要的冰箱应由哪个厂装配，才能保证冰箱制造公司获得最大的利润？请建立数学模型，以决定冰箱装配与分配的最优方案。

6. 某客运公司有豪华、中档、普通三种客车，分别为 5 辆、10 辆和 15 辆，每辆车均最多载客 40 人。该公司每天要送 400 人到 A 市，送 600 人到 B 市，每辆客车每天只能运送一次。从该客运公司到 A 市和 B 市的票价见表 4.37。试求使总收入最高的车辆调度方案。

表 4.37　票价　　　　　单位：元/人

目的地	车型		
	豪华型车	中档型车	普通型车
A 市	80	65	56
B 市	66	55	35

7. 某公司在三个工厂中专门生产一种产品。在四个月中，有四个不同区域的潜在顾客很可能大量订购。顾客 1 是公司最重要的顾客，他的全部订单都要满足；顾客 2、顾客 3 是比较重要的顾客，至少要满足他们订单的 1/3；顾客 4 不需要作特殊考虑。各顾客订购价格及采购量要求见表 4.38。问：供应给每一个顾客多少货物，可使公司总利润最高？

表 4.38　顾客订购信息

工厂及采购量	各顾客订购价格/（元/kg）				产量/kg
	顾客 1	顾客 2	顾客 3	顾客 4	
工厂 1	56	42	46	53	8000
工厂 2	36	19	32	49	5000
工厂 3	30	59	52	35	7000
最小采购量/kg	7000	3000	2000	0	—
要求采购量/kg	7000	9000	6000	8000	—

8. 某集团公司在全国的三个产地生产同一种设备，发往五个地区，各产地的产量、各需求地区的需求量和单位运费见表 4.39。地区 B_2 需求的 120 台设备必须满足。试求使总运费最少的运输方案。

表 4.39　需求量及单位运费

产地及需求量	至各地区的运输价格/（千元/台）					产量/台
	B_1	B_2	B_3	B_4	B_5	
A_1	15	15	20	20	40	50
A_2	15	40	15	30	30	100
A_3	25	35	40	55	25	130
需求量/台	25	120	60	30	70	—

9. 江海市两个林区甲、乙分月分别允许开采桦树木材 450m³ 和 550m³，要供给三个不同城市的家具厂。三个家具厂 A、B、C 的需求量分别为每月 300m³、400m³、300m³。由于交通不便，需在两林区及家具厂所在地之间相互转运，转运费用见表 4.40。请确定从林区到家具厂的最优调运方案。

表 4.40　林区与家具厂间的转运费用　　　　　单位：元/m³

林区与家具厂	林区与家具厂				
	林区甲	林区乙	家具厂A	家具厂B	家具厂C
林区甲	0	3	8	12	8
林区乙	4	0	6	16	4
家具厂A	8	6	0	7	3
家具厂B	11	16	7	0	2
家具厂C	9	4	3	2	0

10. 某人事部门拟招聘四人，任职四个岗位，四人综合考评后的得分如以下矩阵 C 所示（满分为 100 分）。如何安排工作可使总分最高？

$$C = \begin{bmatrix} 85 & 92 & 73 & 90 \\ 95 & 87 & 78 & 95 \\ 82 & 83 & 79 & 90 \\ 86 & 90 & 80 & 88 \end{bmatrix} \begin{matrix} 甲 \\ 乙 \\ 丙 \\ 丁 \end{matrix}$$

11. 求解下列最小值的指派问题。

$$(1)\ \boldsymbol{C}=\begin{bmatrix}5&9&10\\11&6&3\\8&14&17\\6&4&5\\3&2&1\end{bmatrix} \qquad (2)\ \boldsymbol{C}=\begin{bmatrix}15&20&10&9\\6&5&4&7\\10&13&16&17\end{bmatrix}$$

12. 学校举行自行车、游泳、登山和长跑四项接力赛,已知五名参赛者完成各运动项目的成绩,见表 4.41,要求从中选拔一个团队,使预期的比赛成绩最好。

表 4.41　成绩表　　　　　　　　　　　　　单位:min

参赛者	各运动项目的成绩			
	自行车	游泳	登山	长跑
甲	43	20	29	33
乙	33	15	26	28
丙	42	18	29	39
丁	45	19	27	32
戊	34	17	28	30

综 合 训 练

1. 划分小学服务区域

某市的 A 行政区拟开办第三所小学,现需要为该行政区内的所有小学重新划定服务区域。该行政区有六个社区,每一社区内的小学生数量及到各小学的近似距离见表 4.42。学校的招生数量视具体情况可在一定范围内变动,服务区域的划分目标是使学生到学校的平均距离最短。试寻找最优划分方案。

表 4.42　社区与学校之间的距离

社区和招生数量	各社区与学校间的距离/km			学生数量/人
	小学 1	小学 2	小学 3	
社区 1	1.1	1	1.6	400
社区 2	1.2	0.7	1.8	700
社区 3	1.3	2	1.4	350
社区 4	0.5	1.9	0.6	300

续表

社区和招生数量	各社区与学校间的距离/km			学生数量/人
	小学 1	小学 2	小学 3	
社区 5	2.2	0.8	2.6	400
社区 6	1.6	1.3	1.5	350
最小招生数量/人	600	700	300	——
最大招生数量/人	900	1000	700	——

2. 教师工作管理

新华实验小学为了配合新课标改革的要求，决定对 20 位教师的教学进行综合管理，即根据教师的特长和教学效果合理地安排教学。为此，学校对承担一、二年级教学任务的教师的教学效果进行了评价打分，打分结果见表 4.43。

表 4.43　各科教学的得分　　　　　　　单位：分

教师编号	教学科目								
	美术	体育	音乐	英语	阅读	健康	品德	综合实验	计算机
1	20	20	0	0	70	70	70	70	0
2	20	20	0	0	70	70	70	70	0
3	20	20	0	60	75	75	75	75	85
4	20	20	0	70	75	75	75	75	85
5	40	20	20	85	70	70	70	70	60
6	40	20	20	85	70	70	70	70	60
7	60	20	20	85	70	70	70	70	60
8	40	20	20	85	70	70	70	70	60
9	40	20	20	85	70	70	70	70	60
10	20	20	20	85	70	70	70	70	60
11	0	85	0	0	40	40	40	40	50
12	0	85	0	0	40	40	40	40	50
13	60	60	60	0	70	70	70	70	0
14	0	85	0	0	40	40	40	40	50
15	40	40	85	20	70	70	70	70	60
16	40	40	85	20	70	70	70	70	60
17	40	50	85	20	70	70	70	70	0

教师编号	教学科目								
	美术	体育	音乐	英语	阅读	健康	品德	综合实验	计算机
18	90	20	0	40	70	70	70	70	60
19	90	20	0	0	70	70	70	70	60
20	60	40	60	20	70	70	70	70	40

打分标准是：0～39 分表示不能胜任该学科的教学，40～59 分表示勉强胜任，60～75 分表示能够胜任，75 分以上表示工作出色。该校各科需要的教师数量见表 4.44。

表 4.44   各科需要的教师数量

科目	美术	体育	音乐	英语	阅读	健康	品德	综合实验	计算机
需要的教师数量/人	2	4	2	6	1	1	1	1	2

请为该校合理安排教师的教学科目，使学生的总体满意度最高。

3. 蔬菜配备

某市是一个人口不到 80 万人的小城市，现需要为居民配备蔬菜。根据该市的蔬菜种植情况，分别在 A、B、C 处设三个收购点，再由收购点分送到全市的 8 个菜市场。按常年的一般情况，A、B、C 三个收购点每天收购量（单位为 100kg）分别为 400、340、360，各菜市场每天的需求量及发生供应短缺时的损失见表 4.45。收购点至各菜市场的距离见表 4.46，设从收购点至各菜市场蔬菜调运费用为 1 元/（100kg·100m）。

表 4.45   各菜市场每天的需求量及短缺损失

菜市场	1	2	3	4	5	6	7	8
每天的需求量/（×100kg）	150	120	160	140	200	110	180	170
短缺损失/（元/100kg）	10	8	5	10	11	8	5	8

表 4.46 收购点至各菜市场的距离 单位：100m

收购点	菜市场							
	1	2	3	4	5	6	7	8
A	4	8	8	19	11	6	22	16
B	14	7	7	16	12	16	23	17
C	20	19	11	14	6	15	5	10

请解决以下问题：

（1）为该市设计一个从各收购点至各菜市场的定点供应方案，使蔬菜调运费用及预期的短缺损失最小。

（2）若规定各菜市场短缺量一律不超过需求量的 19%，试重新设计定点供应方案。

（3）为满足城市居民的蔬菜供应需求，该市规划增加蔬菜种植面积。试问：增产的蔬菜每天分别向 A、B、C 三个收购点各供应多少最为经济合理？

4. 餐馆餐巾洗涤安排

某餐馆承办宴会，每晚连续举行，共举行五次。宴会上需用特殊的餐巾，根据参加宴会的人数，估计每晚餐巾的需要量为：第一天 1000 条，第二天 700 条，第三天 800 条，第四天 1200 条，第五天 1500 条。五天之后，所有的餐巾废弃。宴会中用过的餐巾经过洗涤处理后可以重复使用，这样可以降低使用成本。已知购买 1 条新餐巾需要 1 元，送洗时可选择两种方式：快洗仅需要一天时间，每条洗涤费用为 0.2 元；慢洗需要两天时间，每条洗涤费用为 0.1 元。问：如何安排，可使总费用最低？

第5章 整数规划

整数规划亦称整数线性规划，它实质上是在线性规划的基础上，对部分或全部决策变量附加取整约束。在许多情况下都可以把规划问题的决策变量看成连续的变量，但在某些情况下规划问题的决策变量却被要求一定是整数，如完成某项工作所需要的人数或设备台数、进入市场销售的商品件数、设置的销售网点数等。为了满足整数解的要求，最容易想到的办法就是把求得的非整数解进行四舍五入处理以得到整数解，但这往往是行不通的。舍入处理会出现两方面的问题：一是化整后的解根本不是可行解；二是化整后的解虽是可行解，但并非最优解。因此，有必要另行研究整数规划的求解问题。在线性规划的基础上，要求所有变量都取整的规划问题称为纯整数规划问题；如果仅仅要求一部分变量取整，则称为混合整数规划问题。在纯整数规划和混合整数规划问题中，如果所有的变量取值只限于 0 和 1，则称为 0-1 规划。根据整数规划的定义，可将整数规划的数学模型表示为 $\{\min Z = CX，AX = b，X \geqslant 0$ 且为整数（或部分为整数）$\}$。显而易见，整数规划的可行域是其相应线性规划可行域的子集。

5.1 整数规划的数学模型

整数线性规划数学模型的一般形式为

$$\max(\text{或 min}) \ Z = \sum_{j=1}^{n} c_j x_j$$

$$\begin{cases} \sum_{j=1}^{n} a_{ij} x_j \leqslant (\geqslant, =) b_i \\ x_i \geqslant 0, \ i = 1,2,\cdots,n; j = 1,2,\cdots,m \\ x_1, x_2, \cdots, x_n \text{中部分或全部取整数} \end{cases}$$

【例 5.1】 某工厂计划生产甲、乙两种产品，两种产品需要使用 A 和 B 两种原料。每种产品所用原料数量和原料的供应限额及产品的利润见表 5.1。问：该厂如何安排甲、乙产品的生产数量，才能获取最大的利润？

表 5.1 产品生产相关资料

产品及原料的最大供应量	原料需用数量/t		利润/元
	A	B	
甲	6	2	15
乙	4	3	20
原料的最大供应量/t	25	10	—

解 设 x_1，x_2 分别为该厂甲、乙产品的生产数量，Z 为生产这两种产品可获得的总利润。依题意，该问题的数学模型为

$$\max Z = 15x_1 + 20x_2$$

$$\begin{cases} 6x_1 + 4x_2 \leqslant 25 \\ 2x_1 + 3x_2 \leqslant 10 \\ x_1, x_2 \geqslant 0 \text{ 且为整数} \end{cases}$$

这是一个纯整数规划问题。

【例 5.2】 某商业连锁集团拟在 n 个连锁店所在的城市建立 m 个配货中心，每个城市最多建立一个配货中心。若在第 i 个城市建立配货中心，其配货能力为 D_i，单位时间的固定成本为 a_i，$i=1,\cdots,n$，第 j 个连锁店的需求量为 b_j，$j=1,\cdots,n$。从第 i 个配货中心到第 j 个连锁店的单位运输成本为 c_{ij}。应如何选择配货中心的位置和安排运输计划，才能得到经济上花费最少的方案？

解 设在单位时间内，从配货中心 i 运往连锁店 j 的物资数量为 x_{ij}，Z 为单位时间内的总费用。引入 0-1 变量：

$$y_i = \begin{cases} 1, \text{在第 } i \text{ 个城市建立配货中心} ，i=1,2 ，\cdots,n \\ 0, \text{不在第 } i \text{ 个城市建立配货中心}，i=1,2 ，\cdots,n \end{cases}$$

则上述问题可归结为如下的数学模型：

$$\min Z = \sum_{i=1}^{n} \sum_{j=1}^{n} c_{ij} x_{ij} + \sum_{i=1}^{n} a_i y_i$$

$$\begin{cases} \sum_{i=1}^{n} y_i = m \\ \sum_{j=1}^{n} x_{ij} \leqslant D_i y_i, i=1,2,\cdots,n \\ \sum_{i=1}^{n} x_{ij} \leqslant b_j, j=1,2,\cdots,n \\ x_{ij} \geqslant 0, y_i \in \{0,1\}, i,j=1,2,\cdots,n \end{cases}$$

这是一个混合 0 - 1 规划问题。

5.2　分枝定界法

分枝定界法是求解整数规划问题的一种有效算法，在 20 世纪 60 年代初由达金（R. J. Dakin）和兰德・多伊格（Land Doig）提出。它不仅适用于求解纯整数规划问题，也适用于求解混合整数规划问题。由于这个方法灵活且便于用计算机求解，所以它现在已成为解决整数规划问题的重要方法。

分枝定界法对可行域恰当地进行系统搜索，采用"分而治之"的策略。它把可行域反复地划分为越来越小的一系列子域，称为分枝；子域的一个边界为整数，在子域上求解线性规划问题。对于最大值问题，线性规划解的目标函数值是整数规划的上界，整数规划任意可行点的目标函数值是其下界，称为定界。由于 x_i 为非负，也可以设定下界为零。在子域分解的过程中，上界非增，下界非减，经有限多次分解即可得到整数规划的最优解。"分枝"为整数规划最优解的出现创造了条件，而"定界"则可以提高搜索的效率。

分枝定界法的计算步骤如下：

第一步，不考虑整数约束条件，计算原问题目标函数值的初始上界。

第二步，计算原问题目标函数值的初始下界。一般可以设置其初始下界为零。

第三步，增加约束条件，将原问题分枝。

第四步，分别求解一对分枝。

第五步，修改上、下界。

第六步，比较上、下界的大小，如上界＝下界，停止计算，找到最优解，否则转第三步重新计算。

为了更好地说明用分枝定界法求整数规划问题最优解的过程，以下选择只有两个变量的例子进行求解。

【例 5.3】　用分枝定界法求解整数规划问题：

$$(P): \quad \max Z = 15x_1 + 20x_2$$

$$\begin{cases} 6x_1 + 4x_2 \leqslant 25 \\ x_1 + 3x_2 \leqslant 10 \\ x_i \geqslant 0 \text{ 且为整数}, i = 1,2 \end{cases}$$

解　1）不考虑整数约束条件，得到线性规划的最优解为 $x_1 = 2.5$，$x_2 = 2.5$，最优值 $Z = 87.5$，如图 5.1 所示。

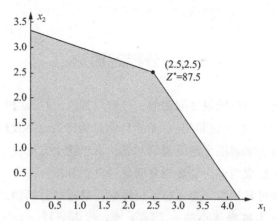

图 5.1 不考虑整数约束条件的线性规划的最优解

$$(\text{P}_0): \quad \max Z = 15x_1 + 20x_2$$

$$\begin{cases} 6x_1 + 4x_2 \leqslant 25 \\ x_1 + 3x_2 \leqslant 10 \\ x_i \geqslant 0, i = 1, 2 \end{cases}$$

由于原问题（P）目标函数的系数为整数，$x_i \in \{0, 1, 2, \cdots\}$，故 $Z^* \leqslant 87$，即最优值的上界为 87。令最优值的下界 $\underline{Z} = 0$，则有 $\underline{Z} = 0 < Z^* \leqslant 87 = \overline{Z}$（最优值的上界）。

2）因为 $x_1 = 2.5$，$x_2 = 2.5$，两个变量都不是整数，从中选择一个变量进行分枝。假定选择 x_1，在（P_0）的约束之外增加两个互相排斥的约束条件 $x_1 \leqslant 2$ 与 $x_1 \geqslant 3$，形成两个子模型（P_1）和（P_2）：

（P_1）：$\max Z = 15x_1 + 20x_2$　　　　　　（P_2）：$\max Z = 15x_1 + 20x_2$

$$\begin{cases} 6x_1 + 4x_2 \leqslant 25 \\ x_1 + 3x_2 \leqslant 10 \\ x_1 \leqslant 2 \\ x_i \geqslant 0, i = 1, 2 \end{cases} \qquad \begin{cases} 6x_1 + 4x_2 \leqslant 25 \\ x_1 + 3x_2 \leqslant 10 \\ x_1 \geqslant 3 \\ x_i \geqslant 0, i = 1, 2 \end{cases}$$

此时，模型（P_0）的可行域被分成两个相应的子域 R_1 和 R_2，如图 5.2 所示。

3）将子模型（P_2）暂时记录下来，待求解。先求解子模型（P_1），得最优解为 $x_1 = 2$，$x_2 = 2.67$，最优值 $Z = 83.3$，如图 5.3 所示。

由于子模型（P_1）中仍有 x_2 不是整数，所以在（P_1）的约束之外增加两个互相排斥的约束条件 $x_2 \leqslant 2$ 与 $x_2 \geqslant 3$，形成两个子模型（P_3）和（P_4），R_1 被分成两个子域 R_3 和 R_4。

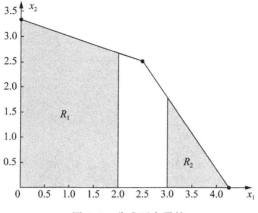

图 5.2 分成两个子枝

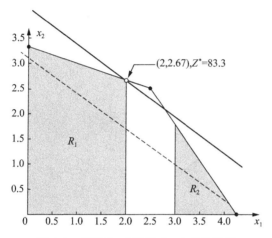

图 5.3 子枝 P_1 在子域 R_1 中求最优解

(P_3): $\max Z = 15x_1 + 20x_2$

$$\begin{cases} 6x_1 + 4x_2 \leqslant 25 \\ x_1 + 3x_2 \leqslant 10 \\ x_1 \leqslant 2 \\ x_2 \leqslant 2 \\ x_i \geqslant 0, i = 1,2 \end{cases}$$

(P_4): $\max Z = 15x_1 + 20x_2$

$$\begin{cases} 6x_1 + 4x_2 \leqslant 25 \\ x_1 + 3x_2 \leqslant 10 \\ x_1 \leqslant 2 \\ x_2 \geqslant 3 \\ x_i \geqslant 0, i = 1,2 \end{cases}$$

4）将子模型 (P_4) 暂时记录下来，待求解。先求解子模型 (P_3)，得最优解为 $x_1 = 2$，$x_2 = 2$，最优值 $Z = 70$，如图 5.4 所示。

在子域 R_3 中求解子问题 (P_3)，得最优解为 $x_1 = 2$，$x_2 = 2$。由于该最优解已满足整数要求，故不再分枝。此时，$Z = 70$ 成为原问题目标函数值一个新的下界。修改原问题的下界，即 $\underline{Z}=\max\{0,70\}=70$，如图 5.4 所示。

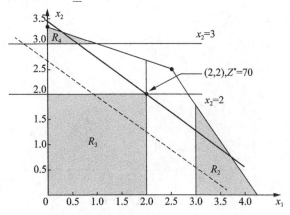

图 5.4   子枝 P_3 在子域 R_3 中求最优解

5）按所记录下来待求解子模型的顺序，依"后进先出"的原则，分别进行求解。用同样的方法在子域 R_4 中对子模型（P_4）进行求解，得最优解为 $x_1=1$，$x_2=3$，最优值 $Z=75$。同理，对子模型（P_4）不再分枝，且修改原问题的下界 $\underline{Z}=\max\{70,75\}=75$，如图 5.5 所示。

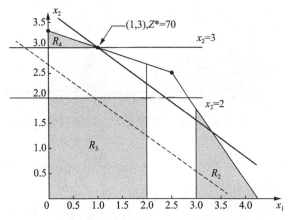

图 5.5   子枝 P_4 在子域 R_4 中求最优解

6）在子域 R_2 中对子模型（P_2）进行求解，得最优解为 $x_1=3$，$x_2=1.75$，最优值 $Z=80$，如图 5.6 所示。

由于 x_2 不满足整数性约束，且 $Z=80>\underline{Z}=75$，所以在（P_2）的约束之外增加两个互相排斥的约束条件 $x_2\leqslant 1$ 与 $x_2\geqslant 2$，形成两个子模型（P_5）和（P_6），形成子域 R_5 和 R_6。

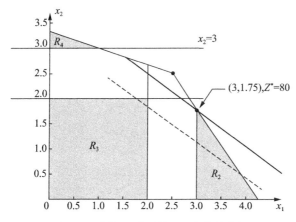

图 5.6　子枝 P_2 在子域 R_2 中求最优解

$(P_5):\max Z = 15x_1 + 20x_2$
$$\begin{cases} 6x_1 + 4x_2 \leqslant 25 \\ x_1 + 3x_2 \leqslant 10 \\ x_1 \geqslant 3 \\ x_2 \leqslant 1 \\ x_i \geqslant 0, i=1,2 \end{cases}$$

$(P_6):\max Z = 15x_1 + 20x_2$
$$\begin{cases} 6x_1 + 4x_2 \leqslant 25 \\ x_1 + 3x_2 \leqslant 10 \\ x_1 \geqslant 3 \\ x_2 \geqslant 2 \\ x_i \geqslant 0, i=1,2 \end{cases}$$

7) 在子域 R_5 中对子模型（P_5）进行求解，得最优解为 $x_1 = 3.5$，$x_2 = 1$，最优值 $Z = 72.5$，如图 5.7 所示。由于最优值 $Z = 72.5 < 75 = \underline{Z}$，故不再分枝，因为分枝后新模型的最优值不可能超过当前新的下界。

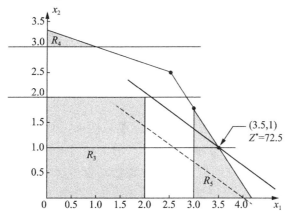

图 5.7　子枝 P_5 在子域 R_5 中求最优解

8) 对子模型 (P_6) 进行求解，$x_2 > 2$ 与子域 R_2 没有交集，无可行解，故不再分枝。

至此，已将所有分枝的子模型求解完毕，当前新的下界值相应的解是现行最好的整数可行解，也就是原整数规划问题的最优解：$x_1^* = 1$，$x_2^* = 3$。最优目标函数值 $Z = 75$。整个分枝定界过程如图 5.8 所示。

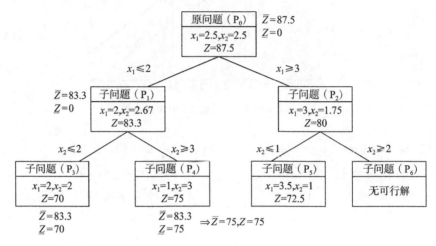

图 5.8　例 5.3 的分枝定界过程

在求解子问题的线性规划问题时，可能会出现以下几种情况：

1) 若相应的线性规划问题的解不满足整数约束，但其对应的目标函数值不大于目前的下界值，则不再分枝（如子问题 (P_5)，$72.5 < 75$）。

2) 若相应的线性规划问题的解满足整数约束，则此解为该子问题的最优解，此时不再分枝。如果目标函数值大于目前的下界值，则修改下界值（如子问题 (P_3)）。

3) 若相应的线性规划问题无可行解，则该子问题也无可行解，此时不分枝（如子问题 (P_6)）。

4) 若相应的线性规划问题的解不满足整数约束，但其对应的目标函数值大于目前的下界值，则进一步分枝，修改此时的上界（如子问题 (P_1)，$83.3 > 0$）。

5) 若相应的线性规划问题的解满足整数约束，这个解对应的目标函数值，一方面此值是原问题的一个下界，如此值比原来的下界大，则修改下界，另一方面，此值又是此分枝目标函数最优值的一个上界，如果它比原问题此时的上界小，且在各平行分枝中提供的上界最大，则以此值为新的上界。例如子问题 (P_4)，$75 > 70$，修改下界；75 在各平行分枝中提供的上界最大，此时 75 为新的上界。

5.3　割 平 面 法

1958 年美国的格莫理提出割平面法，主要用于求解整数规划问题。其基本思路是：先不考虑整数性约束，求解相应的线性规划问题。若线性规划问题的最优解恰好是整数解，则此解即为整数规划问题的最优解。否则，增加一个新的约束条件，称为割平面。割平面必须具有两个性质：

1）从线性规划问题的可行域中至少割掉目前的非整数最优解。

2）不割掉任何整数可行域，然后在缩小的可行域上继续解线性规划问题。

重复以上做法，经有限次切割后，必可在缩小的可行域的一个整数极点上达到整数规划问题的最优解。

割平面法的基本步骤如下：

第一步，把问题中所有约束条件的系数均化为整数，用单纯形法求解该整数规划对应的线性规划问题。若松弛问题没有可行解，则原整数问题也没有可行解，停止计算。若不考虑整数约束条件，线性规划问题有最优解，并符合原整数问题的整数条件，则该最优解即为原整数问题的最优解，停止计算。若不考虑整数约束条件，线性规划问题有最优解，但不符合原整数问题的整数条件，转入下一步。

第二步，从不考虑整数约束条件的线性规划问题的最优解中任选一个不为整数的分量 x_r，将最优单纯形表中该行的系数 a_{rj} 和 b_r 分解为整数部分和小数部分之和，并以该行为源行，按下式列割平面方程：

$$f_r - \sum_{j=m+1}^{n} f_{rj} X_j \leqslant 0$$

$$\downarrow \qquad\qquad \downarrow$$

$$b_r \text{ 的小数部分} \qquad a_{rj} \text{ 的小数部分}$$

第三步，将所得的割平面方程作为一个新的约束条件置于最优单纯形表中（同时增加一个单位列向量），用对偶单纯形法求出新的最优解。若表中得到的解仍为非整数解，重复第二步。

先不考虑整数约束条件，设 $x_i = b_{i0}$ 不满足整数约束条件，假设以 x_i 为源行生成割平面，生成割平面的条件为

$$x_i + \sum_{j=m+1}^{n} b_{ij} x_j = b_{i0}$$

再设

$$b_{ij} = [b_{ij}] + f_{ij}, \ b_{i0} = [b_{i0}] + f_{i0}$$

$$\Leftrightarrow x_i + \sum_{j=m+1}^{n} [b_{ij}] x_j + \sum_{j=m+1}^{n} f_{ij} x_j = [b_{i0}] + f_{i0}$$

即

$$x_i + \sum_{j=m+1}^{n} [b_{ij}] x_j - [b_{i0}] = f_{i0} - \sum_{j=m+1}^{n} f_{ij} x_j$$

若要决策变量都取整数，左边值是整数，则右边值小于等于 0，即割平面不等式为

$$f_{i0} - \sum_{j=m+1}^{n} f_{ij} x_j \leqslant 0$$

对上式引入松弛变量 s_i，得

$$f_{i0} - \sum_{j=m+1}^{n} f_{ij} x_j + s_i = 0 \quad \Rightarrow f_{i0} - \sum_{j=m+1}^{n} f_{ij} x_j + s_i = 0$$

上式称为割平面方程。

现用例 5.4 来说明。

【例 5.4】 求以下线性规划问题的最优解：

$$\max Z = x_2$$

$$\begin{cases} 3x_1 + 2x_2 \leqslant 6 \\ -3x_1 + 2x_2 \leqslant 0 \\ x_1, x_2 \geqslant 0 \text{ 且为整数} \end{cases}$$

解 增加松弛变量 x_3 和 x_4，得到单纯形初表和最优单纯形表，见表 5.2、表 5.3。

表 5.2　单纯形初表

	$c_j \rightarrow$		0	1	0	0
C_B	X_B	b	x_1	x_2	x_3	x_4
0	x_3	6	3	2	1	0
0	x_4	0	-3	2	0	1
	$\sigma_i \rightarrow$		0	1	0	0

表 5.3　最优单纯形表（终表）

	c_j		0	1	0	0
C_B	X_B	b	x_1	x_2	x_3	x_4
0	x_1	1	1	0	1/6	-1/6
1	x_2	3/2	0	1	1/4	1/4
	$\sigma_i \rightarrow$		0	0	-1/4	-1/4

由表 5.2 可知此题的最优解为 $\boldsymbol{X}^* = \begin{bmatrix} x_1 \\ x_2 \end{bmatrix} = \begin{bmatrix} 1 \\ \dfrac{3}{2} \end{bmatrix}$, $Z^* = 3/2$, 但 x_2 不满足整

数约束条件，需引入割平面。以 x_2 为源行生成割平面，由于 $1/4 = 0 + 1/4$, $3/2 =$
$1 + 1/2$, 将不满足整数条件的数分解为整数和分数，所以生成割平面的条件为

$$x_2 + \frac{1}{4}x_3 + \frac{1}{4}x_4 = \frac{3}{2}$$

$$x_2 + \frac{1}{4}x_3 + \frac{1}{4}x_4 = 1 + \frac{1}{2}$$

$$x_2 - 1 = \frac{1}{2} - \left(\frac{1}{4}x_3 + \frac{1}{4}x_4\right)$$

上面第三个等式左边是整数，所以右边只能小于等于 0，即

$$\frac{1}{2} - \left(\frac{1}{4}x_3 + \frac{1}{4}x_4\right) \leqslant 0$$

$$\frac{1}{4}x_3 + \frac{1}{4}x_4 \geqslant \frac{1}{2}$$

现将生成的割平面条件加入松弛变量，然后加到表 5.3 所示的终表中，即

$$-\frac{1}{4}x_3 - \frac{1}{4}x_4 + s_1 = -\frac{1}{2}$$

求解得到的结果见表 5.4。

表 5.4　将生成的割平面加到表 5.3 后迭代的终表

C_B	X_B	b	$c_j \rightarrow$ 0	1	0	0	0
			x_1	x_2	x_3	x_4	s_1
0	x_1	1	1	0	1/6	−1/6	0
1	x_2	3/2	0	1	1/4	1/4	0
0	s_1	−1/2	0	0	−1/4	−1/4	1
	$\sigma_i \rightarrow$		0	0	−1/4	−1/4	0

用对偶单纯形法求解表 5.4，得到表 5.5。

表 5.5　用对偶单纯形法求解表 5.4 后的结果

C_B	X_B	b	$c_j \rightarrow$ 0	1	0	0	0
			x_1	x_2	x_3	x_4	s_1
0	x_1	2/3	1	0	0	−1/3	2/3

C_B	X_B	b	$c_j \rightarrow$ 0 x_1	1 x_2	0 x_3	0 x_4	0 s_1
1	x_2	1	0	1	0	0	1
0	x_3	2	0	0	1	1	-4
	$\sigma_i \rightarrow$		0	0	0	0	-1

由表 5.5 得 $X = \begin{bmatrix} x_1 \\ x_2 \end{bmatrix} = \begin{bmatrix} \dfrac{2}{3} \\ 1 \end{bmatrix}$，$Z=1$，$x_1$ 仍不满足整数约束条件。继续以 x_1 为源行生成割平面，其条件为

$$\frac{2}{3}x_4 + \frac{2}{3}s_1 \geqslant \frac{2}{3}$$

将生成的割平面条件加入松弛变量 s_2，然后加到表 5.5 中，得到表 5.6。

$$-\frac{2}{3}x_4 - \frac{2}{3}s_1 + s_2 = -\frac{2}{3}$$

表 5.6　将生成的割平面加到表 5.5 后的单纯形表

C_B	X_B	b	$c_j \rightarrow$ 0 x_1	1 x_2	0 x_3	0 x_4	0 s_1	0 s_2
0	x_1	2/3	1	0	0	$-1/3$	2/3	0
1	x_2	1	0	1	0	0	1	0
0	x_3	2	0	0	1	1	-4	0
0	s_2	$-2/3$	0	0	0	$-2/3$	$-2/3$	1
	$\sigma_i \rightarrow$		0	0	0	0	-1	0

用对偶单纯形法求解表 5.6，得表 5.7。

表 5.7　用对偶单纯形法求解表 5.6 后的结果

C_B	X_B	b	$c_j \rightarrow$ 0 x_1	1 x_2	0 x_3	0 x_4	0 s_1	0 s_2
0	x_1	1	1	0	0	0	1	$-1/2$
1	x_2	1	0	1	0	0	1	0
0	x_3	1	0	0	1	0	-5	3/2
0	x_4	1	0	0	0	1	1	$-3/2$
	$\sigma_i \rightarrow$		0	0	0	0	-1	0

至此得到最优单纯形表，见表 5.7，x_1，x_2 满足整数条件，其最优解为

$$\boldsymbol{X}^{*} = \begin{bmatrix} x_1 \\ x_2 \end{bmatrix} = \begin{bmatrix} 1 \\ 1 \end{bmatrix}，Z^{*} = 1。$$

5.4　0−1 整数规划的应用

0−1 型整数规划是整数规划中的特殊情形，它的变量仅可取值 0 或 1，这时的变量 x_i 称为 0−1 变量，或称为二进制变量，即

$$\begin{cases} x_i \leqslant 1 \\ x_i \geqslant 0 \text{ 且取整数} \end{cases}$$

0−1 型整数规划中 0−1 变量作为逻辑变量，常用来表示系统是否处于某一特定状态，或者决策时是否取某个方案。

$$x_i = \begin{cases} 1，\text{如果决策 } i \text{ 为是或有} \\ 0，\text{如果决策 } i \text{ 为否或无} \end{cases}$$

5.4.1　场所选择问题

【例 5.5】　　某出版社想在北京的三个郊区县设立直销门店来扩大市场份额。经过市场调查筛选，共有 8 个场所 $A_1 \sim A_8$ 可供选择。考虑到三个郊区县居民的收入水平、居住密集度和年龄结构等因素，决定：在通州区从 A_1、A_2、A_3 三个点中至多选择两个；在昌平区从 A_4、A_5、A_6 三个点至少选择两个；在延庆县从 A_7、A_8 两个点中至少选择一个。

A_i 各点的场所投资及每年可获利润的预测情况见表 5.8。

表 5.8　投资与利润　　　　　　　　　　单位：百万元

投资与利润	各场所的投资与利润							
	A_1	A_2	A_3	A_4	A_5	A_6	A_7	A_8
投资额	12	20	19	24	30	9	13	17
利润	8	12	13	16	21	5	7	6

要求投资总额不能超过 8000 万元（本题中以百万元为单位，即 80 百万元）。问：应如何选择各郊区县门店的设立场所，使年利润最大？

解　设 0−1 变量为

$$x_i = \begin{cases} 1，\text{当 } A_i \text{ 被选择上} \\ 0，\text{当 } A_i \text{ 没有被选择上} \end{cases}$$

$$\max Z = 8x_1 + 12x_2 + 13x_3 + 16x_4 + 21x_5 + 5x_6 + 7x_7 + 6x_8$$

$$\begin{cases} 12x_1 + 20x_2 + 19x_3 + 24x_4 + 30x_5 + 9x_6 + 13x_7 + 17x_8 \leqslant 80 \\ x_1 + x_2 + x_3 \leqslant 2 \\ x_4 + x_5 + x_6 \geqslant 2 \\ x_7 + x_8 \geqslant 1 \\ x_i \geqslant 0 \text{ 且为 } 0-1 \text{ 变量}, i = 1, \cdots, 8 \end{cases}$$

5.4.2　投资问题

【例 5.6】　随着业务发展，某制造公司必须在甲地或乙地建立 1～2 个新工厂，且新工厂必须靠近密集的人员居住地区。此外，还考虑建一个仓库，若仓库与工厂设在同一地点，就可以节省运输费用。若不准备设立新厂，也就不需要建任何仓库。问题的关键是将新厂建在甲地还是乙地，或同时在两地建厂，同时考虑建一个仓库，仓库必须建在新厂所在的城市。

当不考虑财务因素时，这两个地点的优劣不相上下，管理层认为应该在财务分析的基础上作出决策。这次扩张可使用的资金总量为 1000 万元，公司的决策目标是恰当地在新厂和库存间分配资金，以及确定将新厂建在何处可以给公司带来最大的长期效益，即使投资的净现值最大化。该选址决策问题的数据见表 5.9。问：对该公司的选址问题应如何进行决策？请列出数学模型。

表 5.9　选址决策问题的数据　　　　　　　　单位：百万元

决策序号	决策（是或否）	净现值收益	资本需求
1	工厂在甲地	9	6
2	工厂在乙地	5	3
3	仓库在甲地	6	5
4	仓库在乙地	4	2

解　设 $x_i = 1$ 表示决策 i 为是，$x_i = 0$ 表示决策 i 为否，$i = 1, 2, 3, 4$，则

$$\max Z = 9x_1 + 5x_2 + 6x_3 + 4x_4$$

$$\begin{cases} 6x_1 + 3x_2 + 5x_3 + 2x_4 \leqslant 10 \\ x_3 + x_4 \leqslant 1 \\ x_3 \leqslant x_1 \\ x_4 \leqslant x_2 \\ x_i \text{ 是 } 0-1 \text{ 变量}, i = 1, 2, 3, 4 \end{cases}$$

一般地，在许多决策问题中：

从 n 个决策方案中只选 k 个，则约束条件为 $\sum_{i=1}^{n} x_i = k$ ；

从 n 个决策方案中可以选 k 个，则约束条件为 $\sum_{i=1}^{n} x_i \leqslant k$ ；

决策 i 必须以决策 j 为前提，则约束条件为 $x_i \leqslant x_j$ ；

决策 i 和决策 j 必须一致，则约束条件为 $x_i = x_j$ 。

5.4.3　背包问题

【例 5.7】　一个登山队员需要携带的物品有食品、氧气、冰镐、绳索、帐篷、照相器材、通信设备等。每种物品的重量和重要性系数见表 5.10。设登山队员可携带的最大重量为 25kg，试选择该队员应携带的物品。

表 5.10　物品的重量和重要性系数

序号	1	2	3	4	5	6	7
物品	食品	氧气	冰镐	绳索	帐篷	照相器材	通信设备
重量/kg	5	5	2	6	12	2	4
重要性系数	20	15	18	14	8	4	10

解　引入 $0-1$ 变量 x_i ，$x_i = 1$ 表示应携带物品 i ，$x_i = 0$ 表示不应携带物品 i ，则

$$\max Z = 20x_1 + 15x_2 + 18x_3 + 14x_4 + 8x_5 + 4x_6 + 10x_7$$
$$\begin{cases} 5x_1 + 5x_2 + 2x_3 + 6x_4 + 12x_5 + 2x_6 + 4x_7 \leqslant 25 \\ x_i = 0 \text{ 或 } 1, i = 1, 2, \cdots, 7 \end{cases}$$

背包问题的一种比较简单的解法是比较每种物品的重要性系数和重量的比值，比值大的物品首先选取，直到达到重量限制。

5.4.4　固定费用问题

在生产经营中经常会遇到固定费用问题，如租用一台设备，不管是否使用该设备生产，都要支付一笔固定的租金，租金一般不会随生产量的变化而变化。

【例 5.8】　某服装公司能够生产三种服装——衬衣、短裤和长裤，各种服装的生产都要求该公司具有适当类型的机器。生产每种服装所需要的机器将按照下列费用租用：衬衣机器每周 1400 元；短裤机器每周 850 元；长裤机器每周 700 元。每种服装的生产还需要表 5.11 所示的布料数量和劳动时间。每周可以使用

的劳动时间为 150h，布料为 160yd^2（约为 133.76m^2）。表 5.12 给出了每种服装的可变成本和售价。建立一个可以使该公司每周利润最大的数学模型。

表 5.11　公司资源要求

服装类型	劳动时间/h	布料/yd^2
衬衣	3	4
短裤	2	3
长裤	6	4

注：yd^2（平方码）为非法定单位，1yd^2≈0.836m^2。

表 5.12　公司的收入和成本信息
单位：元

服装类型	售价	可变成本
衬衣	84	42
短裤	56	28
长裤	105	56

解　设 x_1，x_2，x_3 分别为衬衣、短裤、长裤三种服装的周产量。

$y_i=1$ 表示生产第 i 种服装，$y_i=0$ 表示不生产第 i 种服装，$i=$衬衣、短裤、长裤。每种服装的售价减去可变成本为其利润，如衬衣的利润为 $84-42=42$（元）。最大利润还应减去固定成本。由此，得

$$\max Z = 42x_1 + 28x_2 + 49x_3 - 1400y_1 - 850y_2 - 700y_3$$

$$\begin{cases} 3x_1 + 2x_2 + 6x_3 \leqslant 150 \\ 4x_1 + 3x_2 + 4x_3 \leqslant 160 \\ x_i \leqslant My_i, i=1,2,3 \\ x_i \geqslant 0 \text{ 且为整数}, i=1,2,3 \\ y_j = 0 \text{ 或 } 1, j=1,2,3 \end{cases}$$

表达式 $x_i \leqslant My_i$ 是处理 x_j 与 y_j 之间逻辑关系的特殊约束，M 是一个很大的正数。当 $x_j > 0$ 时 $y_j=1$，当 $x_j=0$ 时，为使 Z 最大化，有 $y_j=0$。

5.4.5　指派问题

有 n 项不同的任务，恰好有 n 个人可分别承担这些任务，但由于每人特长不同，完成各项任务的效率等情况也不同。现假设必须指派每个人去完成一项任务，怎样把 n 项任务指派给 n 个人，使得完成 n 项任务的总效率最高，这就是指派问题。指派问题的许多应用可以帮助管理人员解决为一项将要开展的工作指派

人员的问题，如为一项任务指派机器、设备，根据运动员的成绩选拔运动员等。

【例 5.9】 某公司有 A、B、C 三个销售人员，需要分派到三个地方工作。已知不同销售人员在不同地点的收益预测，见表 5.13。

表 5.13　不同销售人员在不同地点的收益预测　　　单位：万元/人

销售人员	销售人员在不同工作地点的收益预测		
	工作地点 1	工作地点 2	工作地点 3
A	20	35	43
B	33	12	41
C	39	52	63

现要求每个地点只能派 1 名销售人员，且一名销售人员只能被派到一个工作地点。问：如何安排工作可以使总收益最大？

解　$x_{ij}=1$，表示第 i 个销售人员到第 j 个地点工作；$x_{ij}=0$，表示第 i 个销售人员不到第 j 个地点工作。i 为 A、B、C，j 分别表示工作地点 1、2、3。由此，可得

$$\max Z = 20x_{11} + 35x_{12} + 43x_{13} + 33x_{21} + 12x_{22} +$$
$$41x_{23} + 39x_{31} + 52x_{32} + 63x_{33}$$

$$\begin{cases} x_{11} + x_{12} + x_{13} = 1 \\ x_{21} + x_{22} + x_{23} = 1 \\ x_{31} + x_{32} + x_{33} = 1 \\ x_{11} + x_{21} + x_{31} = 1 \\ x_{12} + x_{22} + x_{32} = 1 \\ x_{13} + x_{23} + x_{33} = 1 \\ x_{ij} = 1 \text{ 或 } 0, i = A, B, C; j = \text{工作地点} 1,2,3 \end{cases}$$

5.4.6　分销系统设计

【例 5.10】　某企业在 A_1 地已有一个工厂，某产品的生产能力为 30 000 件，为了扩大生产，该企业打算在 A_2、A_3、A_4、A_5 各地再选择几个地方建厂。在 A_2、A_3、A_4、A_5 各地建厂的固定成本见表 5.14。A_1 的产量、拟建厂的产量、销地 B_1、B_2、B_3 的销量及产地到销地的单位运价（每千件的运费）见表 5.15。

表 5.14 建厂的固定成本

拟选择建厂的地点	A_2	A_3	A_4	A_5
所需固定成本/千元	185	310	375	500

表 5.15 供需量及运价

拟选择建厂的地点及销量	到各销地的单位运价/千元			产量/千件
	B_1	B_2	B_3	
A_1	10	5	3	30
A_2	5	2	3	10
A_3	4	3	4	20
A_4	9	7	5	30
A_5	10	4	3	40
销量/千件	50	50	40	—

该企业希望在满足销量的前提下还要满足下列条件：

1）由于政策要求，必须在 A_2、A_3 地建一个工厂。

2）A_4、A_5 地不能同时建厂。

问：在哪几个地方建厂，可以使总固定成本和总运输费用之和最小？请列出数学模型。

解 设 x_{ij} 为从 A_i 运到 B_j 的运输量（单位为千件），$i=1$，…，5，$j=1$，2，3。

$$y_i = \begin{cases} 1, A_i \text{ 地被选中} \\ 0, A_i \text{ 地没有被选中} \end{cases}$$

$$\min Z = 185y_2 + 310y_3 + 375y_4 + 500y_5 + 10x_{11} + 5x_{12} + 3x_{13} + 5x_{21} + 2x_{22} + 3x_{23} + 4x_{31} + 3x_{32} + 4x_{33} + 9x_{41} + 7x_{42} + 5x_{43} + 10x_{51} + 4x_{52} + 3x_{53}$$

$$\begin{cases} x_{11} + x_{12} + x_{13} = 30 \\ x_{21} + x_{22} + x_{23} = 10y_2, A_2 \text{ 地是待选中的地址} \\ x_{31} + x_{32} + x_{33} = 20y_3, A_3 \text{ 地是待选中的地址} \\ x_{41} + x_{42} + x_{43} = 30y_4, A_4 \text{ 地是待选中的地址} \\ x_{51} + x_{52} + x_{53} = 40y_5, A_5 \text{ 地是待选中的地址} \\ x_{11} + x_{21} + x_{31} + x_{41} + x_{51} \leqslant 30 \\ x_{12} + x_{22} + x_{32} + x_{42} + x_{52} \leqslant 20 \end{cases}$$

$$\begin{cases} x_{13} + x_{23} + x_{33} + x_{43} + x_{53} \leqslant 20 \\ y_2 + y_3 = 1 \\ y_4 + y_5 \leqslant 1 \\ x_{ij} \geqslant 0, i = 1, \cdots, 5, \ j = 1, 2, 3 \end{cases}$$

本问题中产量之和是 130，销量之和是 140，属于销量大于产量的产销不平衡问题，$A_2 \sim A_5$ 是待选中的地址，只有被选中建厂才会有生产量，所以它们的产量限制条件用 0-1 变量来表达。

5.4.7　集合覆盖和布点问题

集合覆盖问题（set covering problem，SCP）是运筹学中典型的组合优化问题之一，工业领域里的许多实际问题都可以看作集合覆盖问题建模，如资源选择问题、设施选址问题（移动基站的选址、物流中心的选址）等。

【例 5.11】　某市消防队布点问题。该市共有 6 个区，每个区都可以建消防站，市政府希望设置的消防站最少，但必须满足在城市任何地区发生火警时，消防车要在 15min 内赶到现场。据实地测定，各区之间消防车行驶的时间见表 5.16，请制订一个布点最少的计划。

表 5.16　各区之间消防车的行驶时间　　　　　　单位：min

地区	地区					
	地区 1	地区 2	地区 3	地区 4	地区 5	地区 6
1	0	10	16	28	27	20
2	10	0	24	32	17	10
3	16	24	0	12	27	21
4	28	32	12	0	15	25
5	27	17	27	15	0	14
6	20	10	21	25	14	0

解　引入 0-1 变量 x_i，$x_i = 1$ 表示在该区设消防站，$x_i = 0$ 表示不在该区设消防站，$i = 1 \sim 6$。要保证每个地区都有一个 15min 行程内的消防站。如对地区 1 来说，表 5.16 中显示地区 1 与地区 2 之间的消防车行驶时间是 10min，则地区 1 和地区 2 之间必须建一个消防站，即 $x_1 + x_2 \geqslant 1$。要求建立的消防站数量最少，即 6 个变量的和最小。由此，可得

$$\min Z = x_1 + x_2 + x_3 + x_4 + x_5 + x_6$$

$$
\begin{cases}
x_1 + x_2 \geqslant 1 \\
x_1 + x_2 + x_6 \geqslant 1 \\
x_3 + x_4 \geqslant 1 \\
x_3 + x_4 + x_5 \geqslant 1 \\
x_4 + x_5 + x_6 \geqslant 1 \\
x_2 + x_5 + x_6 \geqslant 1 \\
x_i = 1 \text{ 或 } 0, i = 1,2,3,4,5,6
\end{cases}
$$

思考与练习

1. 某汽车公司拟将四种新产品配置到四个工厂生产，一种产品只能由一个工厂生产，一个工厂只能生产一种产品。四个工厂的单位产品成本（元/件）见表 5.17，求最优生产配置方案。

表 5.17　单位产品成本　　　　　　　　　　　　　　　　单位：元/件

工厂	产品			
	产品 1	产品 2	产品 3	产品 4
1	58	67	179	255
2	76	52	150	234
3	66	72	171	253
4	80	56	202	281

2. 某市为方便新建开发区的小学生上学，打算在开发区增设若干所小学。已知备选校址代号及能覆盖的居民小区编号（表 5.18），为覆盖所有小区，至少应建多少所小学？

表 5.18　备选校址与能覆盖的居民小区

备选校址代号	能覆盖的居民小区编号	备选校址代号	能覆盖的居民小区编号
A	1, 5, 7	E	3, 6
B	1, 2, 5	F	4, 6
C	1, 3, 5	G	3, 7
D	2, 4, 5	—	—

3. 一辆货车的有效载重量是 20t，载重有效空间为 8m×3.5m×2m。现有六件货物可供选择运输，每件货物的重量、体积及收入见表 5.19。另外，在货物 4 和货物 5 中先运货物 5，货物 1 和货物 2 不能混装。建立数学模型，使货物运输收入最高。

表 5.19 运输物品的相关数据

货物号	1	2	3	4	5	6
重量/t	6	5	3	4	7	2
体积/m³	3	7	4	5	6	2
收入/百元	5	8	4	6	7	1

4. 某工厂举行的技能比赛规定如下：

(1) 每个代表队由 4 名工人组成，比赛项目是车工 1、车工 2 及车工 3。

(2) 每个工人最多只能参加两个项目，并且每个项目只能参赛一次。

(3) 每个项目至少要有人参赛一次，并且总的参赛人次等于 8。

(4) 每个项目采用 10 分制记分，将 10 次比赛的得分求和，按得分高低排名，分数越高成绩越好。

已知某代表队 4 名工人各单项的预赛成绩（表 5.20），如何安排工人的参赛项目可使团体总分最高？建立该问题的数学模型。

表 5.20 某代表队工人的单项预赛成绩　　　　　　　　单位：分

工人	项目		
	车工 1	车工 2	车工 3
甲	8.5	9.8	8.9
乙	9.2	8.5	8.3
丙	8.9	8.7	9.4
丁	8.5	7.8	9.5

注：满分为 10 分。

5. 现有 5 个项目被飞宇投资公司列入投资计划，各项目的投资额和期望的投资收益见表 5.21。

表 5.21 投资额与收益　　　　　　　　单位：万元

项目	投资额	投资收益
A	110	70

项目	投资额	投资收益
B	260	120
C	100	60
D	140	90
E	210	160

该公司只有 500 万元资金可用于投资。由于技术上的原因，投资受到如下约束：

（1）在项目 A、B 和 D 中必须只有一项被选中。

（2）在项目 B 和 C 中必须且只能选中一项。

（3）项目 E 被选中的前提是项目 A 必须被选中。

问：如何在上述条件下选择一个最好的投资方案，使该公司的投资收益最大？

6. 某生产问题的线性规划模型为

$$\max Z = c_1 x_1 + c_2 x_2$$

$$\begin{cases} x_1 + 2x_2 \leqslant 10 \\ 3x_1 + 4x_2 \leqslant 20 \\ x_1, \ x_2 \geqslant 0 \end{cases}$$

现在增加了一个约束条件：如果生产某种产品，不论生产多少，都要产生一笔固定费用，即只要产品数量 $x_j > 0$，就产生费用 f_j；只有在 $x_j = 0$ 时，才有 $f_j = 0$，$j = 1, 2$。请重新建立这个问题的数学模型。

7. 奥胜制造公司计划生产某种产品 6000 件，该产品可以用三种加工方式中的任一种生产。已知每种生产形式的固定成本、生产该产品的变动成本及每种生产形式的最大加工数量（件）限制，见表 5.22，怎样安排产品的加工可使总成本最小？请列出数学模型。

表 5.22　产品加工相关数据

加工方式	固定成本/元	变动成本/（元/件）	最大加工数量/件
一	600	9.5	1600
二	680	7	2200
三	700	7.5	1950

8. 某企业生产甲、乙、丙三种产品，其每单位消耗的工时分别为 1.6h、2.0h、2.5h，每单位所需原料 A 分别为 24kg、20kg、12kg，所需原料 B 分别为 14kg、10kg、18kg。生产线每月正常工作时间为 240h，原料 A、B 的总供应量限制为 2400kg 和 1500kg。甲、乙、丙产品每生产一个可分别获得利润 525 元、678 元、812 元。

后来工厂考虑到产品丙有污染，决定不生产丙产品，而准备在另外的三种产品 E、F、G 中选择一种或两种生产。产品 E、F、G 所需工时、原料（A、B）及利润见表 5.23。

表 5.23 每单位产品加工的相关数据

产品	消耗工时/h	原料 A/kg	原料 B/kg	利润/元
E	1.4	19	14	350
F	1.5	15	17	420
G	1.7	11	20	380

应如何确定生产计划，以使总利润最大？

9. 某街道有两个废物处理场，它们每周分别产生 750t 和 1150t 固体废物。现拟用三种方式（焚烧、深加工、掩埋）分别在两个处理场对这些废物进行处理，见图 5.9。每种处理方式的处理成本分为固定成本和变动成本两部分，其数据见表 5.24。两个处理场至三种处理方式所在地点的运输成本、应处理量与三种处理方式的处理能力见表 5.25。试求使两个废物处理场处理固体废物总费用最小的方案。

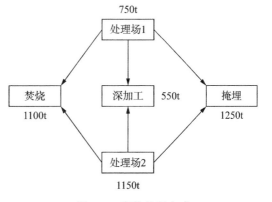

图 5.9 废物处理方式

表 5.24 三种废物处理方式的成本

三种处理方式	固定成本/（元/周）	变动成本/（元/t）
焚烧	3800	13
深加工	1200	15
掩埋	1930	6

表 5.25　三种处理方式的运费、应处理量及各处理方式的处理能力

处理场和处理能力	三种处理方式的运费/（元/t）			应处理量/t
	焚烧	深加工	掩埋	
废物处理场 1	7.5	5.0	15.0	750
废物处理场 2	5.0	7.5	12.5	1150
处理能力/（t/周）	1100	550	1250	—

10. 用分枝定界法求解下列整数规划问题。

(1) $\max S = 10x_1 + 20x_2$

$$\begin{cases} 5x_1 + 8x_2 \leqslant 60 \\ x_1 \leqslant 8 \\ x_2 \leqslant 4 \\ x_1, x_2 \geqslant 0 \text{ 且为整数} \end{cases}$$

(2) $\max Z = 7x_1 + 9x_2$

$$\begin{cases} -x_1 + 3x_2 \leqslant 6 \\ 7x_1 + x_2 \leqslant 35 \\ x_1, x_2 \geqslant 0 \text{ 且为整数} \end{cases}$$

11. 用割平面法求解下列整数规划问题。

(1) $\max Z = 3x_1 + 2x_2$

$$\begin{cases} 2x_1 + 3x_2 \leqslant 14 \\ 4x_1 + 2x_2 \leqslant 18 \\ x_1, x_2 \geqslant 0 \text{ 且为整数} \end{cases}$$

(2) $\min Z = 4x_1 + 5x_2$

$$\begin{cases} 3x_1 + 2x_2 \geqslant 7 \\ x_1 + 4x_2 \geqslant 5 \\ 3x_1 + x_2 \geqslant 2 \\ x_1, x_2 \geqslant 0 \text{ 且为整数} \end{cases}$$

综 合 训 练

1. 选课策略

某学校规定，运筹学专业的学生毕业时至少要完成两门数学课程、三门运筹学课程和两门计算机课程的学习，这些课程的编号、名称、学分、所属类别和先修课要求见表 5.26。毕业时学生最少可以学习这些课程中的哪些课程？请给出方案。

表 5.26　选课关系

课程编号	课程名称	学分/分	所属类别	先修课要求
1	微积分	5	数学	—
2	线性代数	4	数学	—
3	最优化方法	4	数学，运筹学	微积分，线性代数

课程编号	课程名称	学分/分	所属类别	先修课要求
4	数据结构	3	数学，计算机	计算机编程
5	应用统计	4	数学，运筹学	微积分，线性代数
6	计算机模拟	3	计算机，运筹学	计算机编程
7	计算机编程	2	计算机	—
8	预测理论	2	运筹学	应用统计
9	数学实验	3	运筹学，计算机	微积分，线性代数

2. 装箱问题

某人有一背包可以装 10kg 重、$0.025m^3$ 的物品，他准备用来装甲、乙两种物品，每件物品的重量、体积和价值见表 5.27。

表 5.27　物品装箱数据

所装物品	重量/ (kg/件)	体积/ (m^3/件)	价值/ (元/件)
甲	1.2	0.002	4
乙	0.8	0.0025	3

假设此人还有一只旅行箱，最大载重量为 12kg，体积是 $0.02m^3$。背包和旅行箱只能选择其一。建立下列几种情形的数学模型，使所装物品价值最大。

（1）所装物品不变，仍为甲和乙。

（2）如果选择旅行箱，则只能装载丙和丁两种物品，价值分别是 4 元/件和 3元/件，载重量和体积的约束为

$$\begin{cases} 1.8x_1 + 0.6x_2 \leqslant 12 \\ 1.5x_1 + 2x_2 \leqslant 20 \end{cases}$$

3. 快递网点设置问题

某快递公司提出下一年的发展目标是，在某市范围内建立不超过 12 家快递网点。

（1）公司拨出专款 1500 万元人民币用于营业网点建设。

（2）为使网点布局更为科学合理，公司决定：一类地区网点不少于 3 家，二类地区网点不少于 4 家，三类地区网点不多于 4 家。

（3）网点的建设不仅要考虑布局的合理性，而且应该有利于提升公司的市场

份额，为此公司提出，新网点都投入运营后，其市场份额应不低于11%。

（4）为保证网点的筹建顺利进行，公司要从现有各部门中抽调出业务骨干40人投入筹建工作，分配方案为：一类地区每家网点4人，二类地区每家网点3人，三类地区每家网点2人。

（5）依据快递行业管理部门提供的有关数据，结合公司的市场调研，在全市选取15个主要地点并进行分类，每家网点的平均投资额、年平均利润及交易量占全市市场的平均份额见表5.28。

试根据以上条件分析快递公司下一年应选择哪些地点进行网点建设，以使年度利润总额最大。

表 5.28　各快递网点的有关数据

类别	拟入选地点	编号	投资额/万元	利润额/万元	市场平均份额/%
一类地区	A_1	1	420	120	1.25
	A_2	2	240	89	1.22
	A_3	3	230	70	1.20
	A_4	4	225	75	1.00
二类地区	B_1	5	260	90	0.96
	B_2	6	190	80	0.98
	B_3	7	185	78	0.92
	B_4	8	180	75	0.92
	B_5	9	170	65	0.90
	B_6	10	178	68	0.92
三类地区	C_1	11	160	65	0.86
	C_2	12	150	55	0.82
	C_3	13	155	57	0.75
	C_4	14	140	51	0.78
	C_5	15	130	45	0.75

4. 投资方案

某公司有一笔资金需要运作，公司决定投资兴办产业，以增强发展后劲。投资总额为700万元，其中第一年投资250万元，第二年投资200万元，第三年投资250万元。投资方案如下。

A：建立彩色印刷厂，第一年投资 90 万元，第二年起每年获利 25 万元。

B：建立离子镀膜基地，第一、二年年初分别投入 210 万元和 230 万元，第二年年底可获利 70 万元，第三年起每年获利 140 万元。

C：参股某企业，第二年投入 190 万元购买设备，第三年起每年可获利 55 万元。

D：投资华威公司，每年年底可获得投资额 30% 的利润，第一年最高投资额为 80 万元，以后每年投资不超过 75 万元。

E：投资下属的信息技术有限公司，年底回收本利 130%，但每年投资额不低于 65 万元。

投资期为 5 年。

要求：从上述五个方案中选择最优投资组合，使得第五年年末时资金总额最大。

第6章 目标规划

目标规划是线性规划的一种特殊应用，能够处理多个目标决策的问题。目标规划 1961 年由美国学者查纳斯（A. Charnes）和库伯（W. W. Cooper）首次提出。企业管理中经常碰到多目标决策的问题。企业拟订生产计划时，不仅要考虑总产值，而且要考虑利润、产品质量和设备利用率等。有些目标之间往往互相矛盾，如企业利润可能同环境保护目标相矛盾。如何统筹兼顾多种目标，选择合理的方案，是十分复杂的问题。应用目标规划可以较好地解决这类问题。

目标规划是以线性规划为基础发展起来的，但在运用中，由于要求不同，有不同于线性规划之处：

1）线性规划只讨论一个线性目标在一组线性约束条件下的极值问题，而目标规划是多个目标决策，可求得更切合实际的解。

2）线性规划的目标函数是求最大值或最小值。目标规划由于是多目标，其目标函数不是寻求最大值或最小值，而是寻求这些目标与预计成果的最小差距，差距越小，目标实现的可能性越大。目标规划中有超出目标、正好达到目标和未达到目标三种情况。

3）线性规划的约束条件是同等重要的，而目标规划中有主次之分，即有优先权和优先级因子。

4）线性规划是求最优解，而目标规划是找一个满意解，缩短目标与实际之间的差距。

目标规划的应用范围很广，包括生产计划、投资计划、经营管理、市场战略、人事管理、环境保护、土地利用等。

6.1 目标规划问题的提出

下面通过例题来具体说明目标规划与线性规划在处理问题时方法上的区别。

【例 6.1】 某工厂生产两种小家电 A 和 B，受到原料供应和设备工时的限制。在单位利润等有关数据已知的条件下，要求制订一个获利最大的生产计划。

具体数据见表 6.1。

表 6.1 产品加工的具体数据

资源和利润	生产两种家电各一件需要的资源		现有资源
	A	B	
原料/kg	5	10	60
设备工时/h	4	4	40
利润/（元/件）	5	8	—

问：该工厂应制造这两种小家电各多少件，使获得的利润最大？

解 设小家电 A 和 B 的产量分别为 x_1 和 x_2，其数学模型为

$$\max Z = 5x_1 + 8x_2$$

$$\begin{cases} 5x_1 + 10x_2 \leqslant 60 \\ 4x_1 + 4x_2 \leqslant 40 \\ x_1, x_2 \geqslant 0 \end{cases}$$

其最优解为 $x_1 = 8$（件），$x_2 = 2$（件），$\max Z = 56$（元）。

实际上，工厂在考虑决策时目标不只是利润最大，还会考虑市场销售等一系列其他条件，如以下几项：

1）由于产品 B 销售情况不太好，希望产品 B 的产量不超过 2 单位。

2）原料严重短缺，生产中应避免过量消耗。

3）尽可能地充分利用设备台时，但不希望加班。

4）计划利润不少于 50 元。

类似这样的多目标决策问题就是典型的目标规划问题。

下面讨论目标规划问题的相关概念。

1. 目标值、决策值（实际值）

目标值：决策者为每个要考虑的目标确定的一个指标值。

决策值或实际值：当决策变量 x_i 选定以后，目标函数的对应值。在例 6.1 中，把决策变量 $x_1 = 8$（件），$x_2 = 2$（件）代入目标函数后，得到的 56 元就是决策值或实际值。

2. 正负偏差量 d^+，d^-

正偏差量 d^+：决策值超过目标值的部分。

负偏差量 d^-：决策值未达到目标值的部分。

正负偏差量只能有一个存在，当存在正偏差量时负偏差量就为 0，当存在负偏差量时正偏差量就为 0。当完成或超额完成规定的指标时表示为 $d^+\geqslant0$，$d^-=0$；当未完成规定的指标时表示为 $d^+=0$，$d^-\geqslant0$；当恰好完成指标时表示为 $d^+=0$，$d^-=0$。对于原来的第 i 个形式为"$\leqslant$"的不等式，当对应它的 $d_i^->0$ 时，则第 i 个目标满足；当 $d_i^+>0$ 时，则第 i 个目标不满足。

3. 绝对约束和目标约束

绝对约束（系统约束）：必须严格满足的等式约束或不等式约束。

在线性规划中，目标与约束十分明确，要求完全满足约束条件，并在此条件下使目标函数达到极大或极小。这种目标与约束具有绝对的意义，称为硬约束。

在目标规划中，常将约束条件右侧值看成追求的目标，即目标值。在达到目标值时允许发生正或负的偏差，这样目标和约束的差别就不那么明显了，约束条件得到了软化，则它们是软约束。

目标约束是目标规划特有的。

注意：目标规划中会出现"希望"或"尽可能"等词语，这就表明这样的要求是有弹性的，那么如何去表达这种要求呢？

目标约束一般有两种情况：

1）在绝对约束中加入正负偏差量就变为目标约束。例如，在约束条件 $4x_1+4x_2\leqslant40$ 中加入正负偏差量，得到目标约束条件 $4x_1+4x_2+d^--d^+=40$。

2）线性规划问题的目标函数，在给定目标值和加入正负偏差量后就变为目标约束。例如，计划利润不少于 50 元，则由原线性规划目标函数 $\max Z=5x_1+8x_2$ 与目标值"不少于 50 元"构成目标约束 $5x_1+8x_2+d^--d^+=50$。

4. 优先级因子与权系数

优先级因子：一个规划问题常有若干目标，不同目标的重要程度是有区别的。第一个要达到的目标为第一优先级，优先级因子为 P_1，第二个要达到的目标优先级因子为 P_2，即首先保证 P_1 级目标实现，这时可不考虑次级目标，而 P_2 级目标是在实现 P_1 级目标的基础上考虑的，以此类推。规定 $P_k\gg P_{k+1}(k=1,2,\cdots,K)$，表示 P_k 比 P_{k+1} 有更大的优先权。

权系数：对于属于同一层次优先级的不同目标，可按其重要程度分别乘上不同的权系数 ω_{ij}。权系数是具体数值，权系数越大，表明该目标越重要。权系数由决策者根据具体情况确定。

5. 满意解

目标规划问题的求解是在不破坏上一级目标的前提下,缩短下一级目标与目标值的偏差。这样最后求出的解就不是通常意义的最优解,称之为满意解。一个好的满意解可使每个目标的背离尽可能小。

6. 目标规划的目标函数

目标规划的目标函数是按照各目标约束的正负偏差量和赋予相应的优先因子构造的。当一个目标值确定后,决策者的要求是尽可能缩小偏离目标值,因此目标规划的目标函数只能是 $\min Z = f(d^+, d^-)$。使总偏差量最小的目标函数分三种情况:

1) 决策值要求恰好达到目标值,即正负偏差量都尽可能小,此时
$$\min Z = f(d^+ + d^-)$$

2) 决策值要求不超过目标值,即允许达不到目标值,也即正偏差量尽量小,此时
$$\min Z = f(d^+)$$

3) 决策值要求超过目标值,即允许超过目标值,也即负偏差量尽量小,此时
$$\min Z = f(d^-)$$

下面给出目标规划建模的例子。

【例 6.2】 假设在例 6.1 中工厂的原材料供应受到了严格限制,在作决策时,考虑以下目标:

1) 要求 B 产品的产量不超过 2 单位。

2) 尽可能地充分利用设备台时,但不希望加班。

3) 计划利润不少于 50 元。

求决策方案的数学模型。

解 赋予决策者所要求的三个目标优先级因子 P_1、P_2、P_3,得本例的目标规划模型为

$$\min Z = P_1 d_1^+ + P_2(d_2^- + d_2^+) + P_3 d_3^-$$

$$\begin{cases} 5x_1 + 10x_2 \leqslant 60 \\ x_2 + d_1^- - d_1^+ = 2 \\ 4x_1 + 4x_2 + d_2^- - d_2^+ = 40 \\ 5x_1 + 8x_2 + d_3^- - d_3^+ = 50 \\ x_1, x_2 \geqslant 0, \ d_i^+ \geqslant 0, \ d_i^- \geqslant 0, \ i = 1, 2, 3 \end{cases}$$

对于有 L 个目标、K 个优先等级的一般目标规划问题，目标规划的一般数学模型为

$$\min Z = \sum_{k=1}^{K} P_k \sum_{l=1}^{L} (\omega_{kl}^{-} d_l^{-} + \omega_{kl}^{+} d_l^{+})$$

$$\begin{cases} \sum_{j=1}^{n} c_{ij} x_j + d_l^{-} - d_l^{+} = q_l, l=1,\cdots,L \\ \sum_{j=1}^{n} a_{ij} x_j = b_i, i=1,\cdots,m \\ x_j \geqslant 0, j=1,\cdots,n \\ d_l^{-} \geqslant 0, d_l^{+} \geqslant 0, l=1,\cdots,L \end{cases}$$

目标规划问题建立模型的步骤如下：

1）根据要研究的问题提出的各目标与条件，确定目标值，列出目标约束与绝对约束。

2）根据决策者的需要将某些或全部绝对约束转化为目标约束，只需要给绝对约束加减正负偏差量即可。

3）给各目标赋予相应的优先因子 P_k（$k=1$, 2, $\cdots$, K）。

4）对于同一优先等级中的各偏差量，若需要，可按其重要程度不同赋予相应的权系数。

5）根据决策者的需求，有下列三种情况：

① 恰好达到目标值，取 $d_l^{-} + d_l^{+}$。

② 允许超过目标值，取 d_l^{-}。

③ 不允许超过目标值，取 d_l^{+}。

对于由绝对约束转化而来的目标约束，也可以根据需要，按照上面三种方式，将正、负偏差量列入表达式中。

【例 6.3】 某工厂有甲、乙车间可以生产冰箱的 A 型配件。甲车间每小时可制造 3 件冰箱的 A 型配件，乙车间每小时可制造 2 件冰箱的 A 型配件。如果每个车间每周正常工作时间为 52h，要求制订完成下列目标的生产计划：

1）生产量达到 166 件/周。

2）甲车间加班时间限制在 3h 以内，乙车间加班时间不超过 2h，并依据甲、乙两车间单位时间内产量的比例确定系数。

3）充分利用正常工作时间，并依据甲、乙两车间单位时间内产量的比例确定权系数。

根据上述要求，建立该问题的数学模型。

解　设 x_1，x_2 为甲、乙车间每周工作的小时数。赋予决策者所要求的三个目标优先因子 P_1、P_2、P_3，得本例的目标规划模型为

$$\min Z = P_1 d_1^- + P_2(3d_2^+ + 2d_3^+) + P_3(3d_4^- + 2d_5^-)$$

$$\begin{cases} 3x_1 + 2x_2 + d_1^- - d_1^+ = 166 \\ x_1 + d_2^- - d_2^+ = 55 \\ x_2 + d_3^- - d_3^+ = 54 \\ x_1 + d_4^- - d_4^+ = 52 \\ x_2 + d_5^- - d_5^+ = 52 \\ x_1, x_2, d_i^{\pm} \geqslant 0, i = 1, 2, 3, 4 \end{cases}$$

6.2　目标规划的图解法

图解法同样适用于两个变量的目标规划问题，但其操作简单，原理一目了然，也有助于理解一般目标规划的求解原理和过程。

目标规划的图解法的步骤如下：

1）令 $d_i^+ = 0, d_i^- = 0$，在坐标平面上作相应的直线，确定各约束条件的可行域。

2）在目标约束所代表的边界线上，用带箭头的直线标出 d_i^+, d_i^- 增大的方向。

3）根据目标函数中的优先因子分析求解。先求满足最高优先等级目标的解，P_k 比 P_{k+1} 有更大的优先权。

4）转到第 $k+1$ 优先级，在不破坏所有较高优先等级目标的前提下，求出该优先等级目标的解。

5）令 $k = k+1$，反复执行步骤 4），直到所有优先等级均求解完毕，确定最终的满意解。

在用图解法求解的过程中，可根据每一级目标是否满足得知其正负偏差量是否等于 0，再将用图解法求出的满意解的值代入目标约束条件，可知目标的偏差值。

【例 6.4】　某企业计划生产 A、B 两种产品，这些产品需要使用材料一与材料二，并在甲和乙两种设备上加工。工艺数据资料见表 6.2。

表 6.2　工艺数据资料

资源和产品利润	产品		现有资源
	A	B	
材料一/kg	3	0	12

资源和产品利润	产品		现有资源
	A	B	
材料二/kg	0	4	16
设备甲/h	2	2	12
设备乙/h	5	3	15
产品利润/（元/件）	20	40	—

企业应怎样安排生产计划？要求在两种材料不能超用的基础上尽可能满足下列目标：

P_1：力求使利润指标不低于 80 元。

P_2：考虑到市场需求，A、B 两种产品的产量需保持 1∶1 的比例。

P_3：要求既充分利用设备甲，又要尽可能不加班。

P_4：设备乙必要时可以加班，但加班时间尽可能少。

要求：

1）建立数学模型。

2）用图解法求满意解。

3）求出两种产品的产量和利润指标值。

4）A、B 两种产品的产量是否保持 1∶1 的比例？

5）设备甲加班了多少时间？

6）设备乙加班了多少时间？

解 1）设 x_1、x_2 分别为产品 A 和产品 B 的产量，目标规划的数学模型为

$$\min Z = P_1 d_1^- + P_2(d_2^- + d_2^+) + P_3(d_3^- + d_3^+) + P_4 d_4^+$$

$$\begin{cases} 3x_1 \leqslant 12 \\ 4x_2 \leqslant 16 \\ 20x_1 + 40x_2 + d_1^- - d_1^+ = 80 \\ x_1 - x_2 + d_2^- - d_2^+ = 0 \\ 2x_1 + 2x_2 + d_3^- - d_3^+ = 12 \\ 5x_1 + 3x_2 + d_4^- - d_4^+ = 15 \\ x_1, x_2 \geqslant 0, d_i^-, d_i^+ \geqslant 0, i = 1,2,3,4 \end{cases}$$

说明：材料不能超用是绝对约束，本题中的材料有两种。

2）用图解法求解。

先在坐标系中画出 $3x_1 \leqslant 12$，$4x_2 \leqslant 16$ 两个硬约束条件构成的区域，不考虑

正负偏差量，画出目标约束条件，用带箭头的直线标出 d_i^+、d_i^- 的方向（图 6.1）。硬约束条件的级别最高，确定 $3x_1 \leqslant 12$，$4x_2 \leqslant 16$ 所界定的正方形区域。第一级目标要求利润指标不低于 80 元，则满足条件的解在 $20x_1 + 40x_2 = 80$ 这条线的上方与正方形区域的梯形交集内。第二级目标要求 A、B 两种产品的产量需保持 1：1 的比例，在

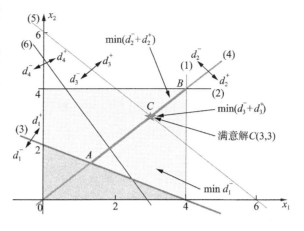

图 6.1　目标规划图解法

$x_1 - x_2 = 0$ 这条线上 $d_2^- = d_2^+ = 0$，$x_1 - x_2 = 0$ 与上述梯形区域的交集是图中线段 AB。第三级目标是要求既充分利用设备甲，又尽可能不加班，则 $2x_1 + 2x_2 = 12$ 这条线上 $d_3^- = d_3^+ = 0$，满足设备甲充分利用又不加班的要求，$2x_1 + 2x_2 = 12$ 这条线与 AB 线段的交集是图中的 C 点。第四级目标是要求设备乙必要时可以加班，但加班时间尽可能少，则 $5x_1 + 3x_2 = 15$ 这条线下方的点满足此要求。而 $5x_1 + 3x_2 = 15$ 这条线的下方与 C 点没有交集，则 C 点是满足前三级目标的满意解。

满意解即图中 C 点，其坐标为（3，3），即 A、B 两种产品各生产 3 件。

3）两种产品各生产 3 件。由图解过程可知，$d_1^- = 0$，第一级目标得到实现，求解约束条件 $20x_1 + 40x_2 + d_1^- - d_1^+ = 80$，把 $x_1 = 3$，$x_2 = 3$，$d_1^- = 0$ 代入方程，得 $20 \times 3 + 40 \times 3 + 0 - d_1^+ = 80$，可知 $d_1^+ = 100$，则利润指标值为 $100 + 80 = 180$。

4）由图 6.1 中的图解过程可知，$d_2^- = d_2^+ = 0$，则第二级目标得到满足，A、B 两种产品的生产量保持了 1：1 的比例。

5）由图 6.1 中的图解过程可知，$d_3^- = d_3^+ = 0$，第三级目标得到实现，即设备甲充分利用，又不加班，所以设备甲的加班时间为 0。

6）由图 6.1 中的图解过程可知，$d_4^+ > 0$，第四级目标没有得到实现，可知，$d_4^- = 0$，求解约束条件 $5x_1 + 3x_2 + d_4^- - d_4^+ = 15$，把 $x_1 = 3$，$x_2 = 3$，$d_4^- = 0$ 代入方程，得 $5 \times 3 + 3 \times 3 + 0 - d_4^+ = 15$，可知 $d_4^+ = 9$，即设备乙加班了 9h。

【例 6.5】　已知一个生产计划的线性规划模型为

$$\max Z = 30x_1 + 15x_2$$

$$\begin{cases} 2x_1 + x_2 \leqslant 160 \\ x_1 \leqslant 60 \\ x_2 \leqslant 100 \\ x_1, x_2 \geqslant 0 \end{cases}$$

甲资源的限量为 160 个单位，乙资源的限量为 60 个单位，丙资源的限量为 100 个单位，目标函数为总利润，x_1、x_2 为产品 A、B 的产量。由于市场竞争激烈，需考虑下列目标：

P_1：总利润最好超过 3000 元。

P_2：考虑产品受市场影响，为避免积压，A、B 的生产量不要超过 60 件和 100 件，以单件利润比为权系数。

P_3：由于甲资源供应比较紧张，最好不要超过现有量 160 个单位。

试建立其目标规划模型，并用图解法求解。

解 以产品 A、B 的单件利润比 2∶1（=30∶15）为权系数，数学模型为

$$\min Z = P_1 d_1^- + P_2 (2d_2^+ + d_3^+) + P_3 d_4^+$$

$$\begin{cases} 30x_1 + 15x_2 + d_1^- - d_1^+ = 3000 \\ x_1 + d_2^- - d_2^+ = 60 \\ x_2 + d_3^- - d_3^+ = 100 \\ 2x_1 + x_2 + d_4^- - d_4^+ = 160 \\ x_1, x_2 \geqslant 0, d_i^-, d_i^+ \geqslant 0, i = 1, 2, 3, 4 \end{cases}$$

由图解法求得 A 点为满意解点，坐标为（60，80），产品 A、B 的产量分别为 60 件和 80 件，如图 6.2 所示。第一级目标要求 d_1^- 尽可能小，满足条件的点在 $30x_1 + 15x_2 = 3000$ 这条线的上方。第二级目标中 d_2^+ 的权系数较大，优先考虑，满足 d_2^+ 尽可能小的点在 $x_1 = 60$ 这条线的左侧。同时满足 d_1^- 和 d_2^+ 尽可能小的区域是图中虚线所示的阴影部分。再考虑第二级目标中的 d_3^+ 尽可能小，既要满足 d_1^- 和 d_2^+ 尽可能小的条件，又要满足 d_3^+ 尽可能小的点是图中△ABC 内的点。第三级目标要求 d_4^+ 尽可能小，满足条件的点在 $2x_1 + x_2 = 160$ 这条线的下方。△ABC 与 $2x_1 + x_2 = 160$ 这条线的下方没有交集，则图中 A 点是该问题的满意解点。

第一级目标要求总利润最好超过 3000 元，把 $x_1 = 60$，$x_2 = 80$ 代入第一个约束条件后可知总利润为 3000 元；第二级目标也得到满足，A 的生产量为 60 件，没有超过 60 件，B 的生产量为 80 件，没有超过 100 件。第一和第二级目标得到满足，第三级目标没有得到满足。把 $x_1 = 60$，$x_2 = 80$ 代入第四个约束条件后可

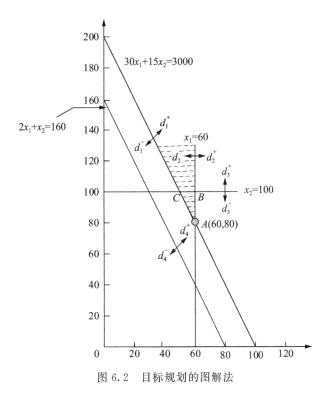

图 6.2 目标规划的图解法

知 $d_4^+ = 20$，即甲资源供应超过现有量 20 个单位。

6.3 应 用 举 例

【例 6.6】 某工厂生产 A、B 两种型号的产品，每种型号的产品均需经过甲、乙两道相同的工序，每件产品所需的加工时间、销售利润及工厂每周最大加工能力见表 6.3。

表 6.3 加工数据资料

产品及最大加工能力	各工序的加工时间/（h/件）		利润/（元/件）
	工序甲	工序乙	
A	4	3	310
B	6	2	450
每周最大加工能力/h	160	70	—

如果工厂经营目标的期望值和优先等级如下：

P_1：每周总利润不得低于 10 000 元。

P_2：希望工序甲每周的生产时间恰好为 160h，工序乙的生产时间最好用足，甚至可适当加班。

P_3：因合同要求，A 型产品每周至少生产 10 件，B 型产品每周至少生产 15 件。

P_4：工序乙的加班时间每周最多不超过 30h。

试建立这个问题的数学模型。

解　设 x_1、x_2 分别为生产 A、B 产品的件数，则其数学模型为

$$\min Z = P_1 d_1^- + P_2(d_2^- + d_2^+ + d_3^-) + P_3(d_4^- + d_5^-) + P_4 d_6^+$$

$$\begin{cases} 310x_1 + 450x_2 + d_1^- - d_1^+ = 10\ 000 \\ 4x_1 + 6x_2 + d_2^- - d_2^+ = 160 \\ 3x_1 + 2x_2 + d_3^- - d_3^+ = 70 \\ x_1 + d_4^- - d_4^+ = 10 \\ x_2 + d_5^- - d_5^+ = 15 \\ d_3^+ + d_6^- - d_6^+ = 30 \\ x_1, x_2 \geqslant 0, d_i^-, d_i^+ \geqslant 0, i = 1, 2, 3, 4, 5 \end{cases}$$

【例 6.7】　某洗发水制造厂商为了推销其生产的商品，准备在两周内发起一次广告活动，在电视、网络和广播三种媒介上发布广告，有关这三种媒介的数据见表 6.4。

表 6.4　三种媒介的数据

媒介类别	广告影响的人数/人	广告费/（元/次）	最大的广告次数/次
电视	200 000	2500	12
网络	100 000	500	18
广播	50 000	300	14

活动的目标是：

P_1：广告影响人数至少达到 420 万人。

P_2：电视广告的次数至少占所有广告次数的 30%。

P_3：广播的次数不能超过所有广告次数的 10%。

P_4：广告费用限制在 21 000 元以内。

请建立该问题的数学模型。

解　设厂商在电视上发布广告 x_1 次，在网络上发布广告 x_2 次，在广播中发布广告 x_3 次，其目标规划的数学模型为

$$\min Z = P_1 d_1^- + P_2 d_2^- + P_3 d_3^+ + P_4 d_4^+$$

$$\begin{cases} x_1 \leqslant 12 \\ x_2 \leqslant 18 \\ x_3 \leqslant 14 \\ 20x_1 + 10x_2 + 5x_3 + d_1^- - d_1^+ = 420 \\ 0.7x_1 - 0.3x_2 - 0.3x_3 + d_2^- - d_2^+ = 0 \\ -0.1x_1 - 0.1x_2 + 0.9x_3 + d_3^- - d_3^+ = 0 \\ 2500x_1 + 500x_2 + 300x_3 + d_4^- - d_4^+ = 21\,000 \\ x_1, x_2, x_3 \geqslant 0, d_i^-, d_i^+ \geqslant 0\ , i=1,2,3,4 \end{cases}$$

说明：题中给定了广告次数限制，所以有三个绝对约束条件。电视广告的次数至少占所有广告次数的 30%，即 $\dfrac{x_1}{x_1+x_2+x_3} \geqslant 0.3$，即 $0.7x_1 - 0.3x_2 - 0.3x_3 \geqslant 0$。广播的次数不能超过所有广告次数的 10%，即 $\dfrac{x_3}{x_1+x_2+x_3} \leqslant 0.1$，即 $-0.1x_1 - 0.1x_2 + 0.9x_3 \leqslant 0$。注意本题的约束条件中左右单位要一致。

【例 6.8】　某工厂生产 A、B 两种产品，需要用不锈钢、普通钢材和铅材三种主要材料，该厂现有各种材料的库存量、单位产品材料消耗定额及利润等数值见表 6.5。若该厂生产的产品都能销售出去，则该厂的决策者应如何安排 A、B 两种产品的产量，除完成利润 3000 元的主要目标外，还能尽可能地将 30kg 铅材用完？请列出该问题的目标规划数学模型。

表 6.5　产品加工相关数据

材料和利润	两种产品的材料消耗/（kg/件）		材料库存量/kg
	A 产品	B 产品	
不锈钢	2	3	120
普通钢材	2	1	80
铅材	—	1	30
利润/（元/件）	60	70	—

解　设 A、B 两种产品的产量分别为 x_1、x_2，其数学模型为

$$\min Z = P_1 d_1^- + P_2(d_2^- + d_2^+)$$

$$\begin{cases} 60x_1 + 70x_2 + d_1^- - d_1^+ = 3000 \\ x_2 + d_2^- - d_2^+ = 30 \\ 2x_1 + 3x_2 \leqslant 120 \\ 2x_1 + x_2 \leqslant 80 \\ x_1, x_2, d_i^-, d_i^+ \geqslant 0, i = 1, 2 \end{cases}$$

6.4　目标规划的单纯形法

目标规划的数学模型结构与线性规划的数学模型在结构形式上没有本质区别，所以可用单纯形法求解。但要考虑目标规划数学模型的一些特点，作出规定如下：

1）因目标规划问题的目标函数都是求最小化的，所以以 $c_j - z_j \geqslant 0$，$j=1, \cdots, n$ 为最优准则。

2）非基变量的检验数中含有不同等级的优先因子，即

$$c_j - z_j = \sum a_{kj} P_k, j=1, \cdots, n; k=1, \cdots, K$$

因 $P_k \gg P_{k+1}, k=1, \cdots, K$，从每个检验数整体来看，检验数的正负首先取决于 P_1 的系数 a_{1j} 的正负。若 $a_{1j}=0$，此检验数的正负就取决于 P_2 的系数 a_{2j} 的正负，以此类推。

解目标规划问题的单纯形法的计算步骤如下：

1）建立单纯形初表，在表中将检验数的行按优先因子个数分别列成 k 行，置 $k=1$。

2）检查该行中是否存在负数，且对应的前 $(k-1)$ 行的系数是零。若有负数，取其中最小者对应的变量为换入变量，转步骤3）；若无负数，转步骤5）。

3）按最小比值规则确定换出变量，当存在两个和两个以上相同的最小比值时，选取具有较高优先级别的变量为换出变量。

4）按单纯形法进行基变换运算，建立新的计算表，返回步骤2）。

5）当 $k=K$ 时，计算结束。表中的解即为满意解。否则置 $k=k+1$，返回步骤2）。

【例6.9】　用单纯形法求解目标规划：

$$\min Z = P_1(2d_1^+ + 3d_2^+) + P_2 d_3^- + P_3 d_4^+$$

$$\begin{cases} x_1 + x_2 + d_1^- - d_1^+ = 10 \\ x_1 + d_2^- - d_2^+ = 4 \\ 5x_1 + 3x_2 + d_3^- - d_3^+ = 56 \\ x_1 + x_2 + d_4^- - d_4^+ = 12 \\ x_1, x_2 \geqslant 0, d_i^-, d_i^+ \geqslant 0, i=1,2,3,4 \end{cases}$$

要求:

1) 用单纯形法求目标规划问题的解。

2) 当目标变为 $\min Z = P_1 d_3^- + P_2(2d_1^+ + 3d_2^+) + P_3 d_4^+$ 时求其满意解。

解 1) 用单纯形法求解目标规划问题。建立目标规划的单纯形初表,见表 6.6。

表 6.6 目标规划的单纯形初表

$C_B,\ X_B,\ b$ 的值			目标函数的系数									
			0	0	0	$2P_1$	0	$3P_1$	P_2	0	0	P_3
C_B	X_B	b	x_1	x_2	d_1^-	d_1^+	d_2^-	d_2^+	d_3^-	d_3^+	d_4^-	d_4^+
0	d_1^-	10	1	1	1	−1	0	0	0	0	0	0
0	d_2^-	4	1	0	0	0	1	−1	0	0	0	0
P_2	d_3^-	56	5	3	0	0	0	0	1	−1	0	0
0	d_4^-	12	1	1	0	0	0	0	0	0	1	−1
		P_1	0	0	0	2	0	3	0	0	0	0
$c_j - z_j$		P_2	−5	−3	0	0	0	0	0	1	0	0
		P_3	0	0	0	0	0	0	0	0	0	1

x_1 进基, d_2^- 出基,得到表 6.7 所示的第一次迭代计算的结果。

表 6.7 第一次迭代计算的结果

$C_B,\ X_B,\ b$ 的值			目标函数的系数									
			0	0	0	$2P_1$	0	$3P_1$	P_2	0	0	P_3
C_B	X_B	b	x_1	x_2	d_1^-	d_1^+	d_2^-	d_2^+	d_3^-	d_3^+	d_4^-	d_4^+
0	d_1^-	6	0	1	1	−1	−1	1	0	0	0	0
0	x_1	4	1	0	0	0	1	−1	0	0	0	0
P_2	d_3^-	36	0	3	0	0	−5	5	1	−1	0	0
0	d_4^-	8	0	1	0	0	−1	1	0	0	1	−1
		P_1	0	0	0	2	0	3	0	0	0	0
$c_j - z_j$		P_2	0	−3	0	0	5	−5	0	1	0	0
		P_3	0	0	0	0	0	0	0	0	0	1

x_2 进基, d_1^- 出基,得到第二次迭代计算的结果,即终表,见表 6.8。

表 6.8　第二次迭代计算的结果

C_B，X_B，b 的值			目标函数的系数									
			0	0	0	$2P_1$	0	$3P_1$	P_2	0	0	P_3
C_B	X_B	b	x_1	x_2	d_1^-	d_1^+	d_2^-	d_2^+	d_3^-	d_3^+	d_4^-	d_4^+
0	x_2	6	0	1	1	-1	-1	1	0	0	0	0
0	x_1	4	1	0	0	0	1	-1	1	-1	0	0
P_2	d_3^-	18	0	0	-3	3	-2	2	0	0	0	0
0	d_4^-	2	0	0	-1	1	0	0	0	0	1	-1
$c_j - z_j$		P_1	0	0	0	2	0	3	0	0	0	0
		P_2	0	0	3	-3	2	-2	0	1	0	0
		P_3	0	0	0	0	0	0	0	0	0	1

由单纯形表可知该目标规划问题的满意解为 $X = (4,6)^T$，见表 6.8。

2）当目标函数变成 $\min Z = P_1 d_3^- + P_2(2d_1^+ + 3d_2^+) + P_3 d_4^+$ 时，利用上述终表（表 6.8）来求解。将变化了的优级等级反映到表 6.8 中，更换表 6.8 中的目标函数系数，同时检验数也发生了变化，见表 6.9。

表 6.9　目标规划单纯形表终表

$c_j \rightarrow$			0	0	0	$2P_2$	0	$3P_2$	P_1	0	0	P_3
C_B	X_B	b	x_1	x_2	d_1^-	d_1^+	d_2^-	d_2^+	d_3^-	d_3^+	d_4^-	d_4^+
0	x_2	6	0	1	1	-1	-1	1	0	0	0	0
0	x_1	4	1	0	0	0	1	-1	1	-1	0	0
P_1	d_3^-	18	0	0	-3	3	-2	2	0	0	0	0
0	d_4^-	2	0	0	-1	1	0	0	0	0	1	-1
$c_j - z_j$		P_1	0	0	3	-3	2	-2	0	1	0	0
		P_2	0	0	0	2	0	3	0	0	0	0
		P_3	0	0	0	0	0	0	0	0	0	1

d_1^+ 进基，d_4^- 出基，换基迭代后的结果见表 6.10。

表 6.10　换基迭代后的结果

$c_j \rightarrow$			0	0	0	$2P_2$	0	$3P_2$	P_1	0	0	P_3
C_B	X_B	b	x_1	x_2	d_1^-	d_1^+	d_2^-	d_2^+	d_3^-	d_3^+	d_4^-	d_4^+
0	x_2	12	0	1	0	0	$-\dfrac{5}{3}$	$\dfrac{5}{3}$	$\dfrac{1}{3}$	$-\dfrac{1}{3}$	0	0
0	x_1	4	1	0	0	0	0	0	0	0	0	0
P_3	d_4^+	4	0	0	0	0	$-\dfrac{2}{3}$	$\dfrac{2}{3}$	$\dfrac{1}{3}$	$-\dfrac{1}{3}$	-1	1
$2P_2$	d_1^+	6	0	0	-1	1	$-\dfrac{2}{3}$	$\dfrac{2}{3}$	$\dfrac{1}{3}$	$-\dfrac{1}{3}$	0	0
$c_j - z_j$	P_1		0	0	0	0	0	0	1	0	0	0
	P_2		0	0	0	0	$\dfrac{2}{3}$	$\dfrac{5}{3}$	$-\dfrac{2}{3}$	$\dfrac{2}{3}$	0	0
	P_3		0	0	0	0	$\dfrac{2}{3}$	$-\dfrac{2}{3}$	$-\dfrac{1}{3}$	$\dfrac{1}{3}$	1	0

由表 6.10 可知此时不能再迭代，其满意解为 $\boldsymbol{X} = (4, 12)^{\mathrm{T}}$。

思考与练习

1. 用图解法求下列目标规划问题的满意解。

(1) $\min Z = P_1(d_1^- + d_1^+) + P_2(d_2^- + 2.5d_3^+) + P_3 d_4^+$

$$\begin{cases} 10x_1 + 5x_2 + d_1^- - d_1^+ = 400 \\ 7x_1 + 8x_2 + d_2^- - d_2^+ = 560 \\ 2x_1 + 2x_2 + d_3^- - d_3^+ = 100 \\ x_1 + 2.5x_2 + d_4^- - d_4^+ = 120 \\ x_1, x_2, d_j^-, d_j^+ \geqslant 0, j = 1,2,3,4 \end{cases}$$

(2) $\min Z = P_1 d_1^+ + P_2(d_2^+ + d_2^-) + P_3 d_3^-$

$$\begin{cases} 2x_1 + x_2 \leqslant 11 \\ x_1 - x_2 + d_1^- - d_1^+ = 0 \\ x_1 + 2x_2 + d_2^- - d_2^+ = 10 \\ 8x_1 + 10x_2 + d_3^- - d_3^+ = 58 \\ x_i \geqslant 0, d_j^+ \geqslant 0, d_j^- \geqslant 0, i = 1,2; j = 1,2,3 \end{cases}$$

2. 某企业为了吸引新客户、留住老客户，制订了一系列顾客访问策略，具体数据之间的关系见表 6.11。

表 6.11 具体数据

顾客类型及可用访问时间	访问每一顾客所需时间/h	平均销售利润/（元/人）
老顾客	2	270
新顾客	3	140
可用访问时间/h	660	—

其目标为：

(1) 访问时间最好不超过 680h。

(2) 访问时间最好不少于 590h。

(3) 销售利润尽量不少于 72 000 元。

(4) 访问老顾客数最好不少于 210 个。

(5) 访问新顾客数最好不少于 140 个。

试建立其目标规划数学模型。

3. 某工厂生产 A、B 两种型号的产品，有关参数见表 6.12。

表 6.12 产品生产的有关参数

产品类型及工序台时限额	各工序所需的时间/h		单位利润/（元/件）
	装配工序	检验工序	
A 型产品	1	1	15
B 型产品	3	1	25
工序台时限额/h	60	40	—

工厂决策者提出如下要求：

P_1：每日利润正好为 750 元。

P_2：两部门空闲时间应达到最小。

P_3：如需要，可以加班，但应严格控制，装配工序的加班控制权系数应是检验工序的 3 倍。

试建立上述问题的目标规划数学模型。

4. 某运输问题的运输单位运费见表 6.13。

表 6.13　单位运费

产地	至各销地的运费/（元/单位）			产量/t
	甲	乙	丙	
A_1	6	8	3	120
A_2	7	4	5	50
A_3	2	6	9	40
A_4	4	6	6	100
销量/t	110	140	160	—

决策者确定的目标为：

P_1：从每个产地运出所有的物资。

P_2：各销地得到的物资不少于销量的 1/3。

P_3：销地甲的需求全部满足；从产地 A_3 到销地乙这条路线运送的物资尽可能少。

P_4：总运输费用不超过 1000 元。

试建立满意的调运方案数学模型。

5. 某印刷公司要印刷四种规格的图书，需要经过印刷和装订工序。进行这两道工序的两种机器每天总共运转 12h，每种机器加工每种规格图书所需的时间见表 6.14。

表 6.14　加工图书所需的时间　　　　　　单位：h

四种规格图书	工序	
	印刷	装订
甲	6	3
乙	7	2
丙	5	5
丁	8	3

公司希望达到以下目标：

P_1：平衡两种机器的工作时间，使得这两种机器的工作时间差不超过 1h。

P_2：每种规格图书的印量至少是 11 个单位。

P_3：图书乙的印量不能超过图书丙的印量。

试建立该问题的目标规划数学模型。

6. 某企业生产 A、B、C 三种不同规格的电子产品，三种产品的装配工作在同一生产线上完成，各种产品装配时消耗的工时分别为 5h、9h、12h，生产线每月正常工作台时为 1500h。三种产品销售出去后，每台产品可获得的利润分别为 450 元、550 元和 700 元。三种产品每月销售量预计分别为 300 台、80 台和 90 台。

该企业经营目标如下：

P_1：利润目标为每月 150 000 元，争取超额完成。

P_2：充分利用现有生产能力。

P_3：可以适当加班，但加班时间不要超过 100h。

P_4：产量以预计销量为标准。

试建立该问题的目标规划数学模型，并求解最合适的生产方案。

7. 某化工厂生产两种用于轮船的黏合剂 A 和 B。这两种黏合剂的强度不同，所需的加工时间也不同，生产 1L 的 A 需要 20min，生产 1L 的 B 需要 25min。这两种黏合剂都以一种树脂为原料，1L 树脂可以制造 1L 的 A，或者 1L 的 B。树脂的保质期是两周，目前树脂的库存为 300L。已知正常工作条件下每周有 5 个工作日，每个工作日有 480min 的工时，工厂期望在未来两周达到以下五个目标：

P_1：保持工厂满负荷运转。

P_2：加班时间控制在 1700min 以内。

P_3：至少生产 105L 的 A。

P_4：至少生产 125L 的 B。

P_5：尽量使用完所有的树脂。

假设目标 1 和目标 2 的优先权为 P_1，且重要程度相同；目标 3 和目标 4 的优先权为 P_2，且重要程度相同；目标 5 的优先权为 P_3。要求建立该问题的目标规划数学模型。

8. 已知一次生产计划的线性规划模型为

$$\max Z = 30x_1 + 12x_2$$

$$\begin{cases} 2x_1 + x_2 \leqslant 140 \quad (甲资源) \\ x_1 \leqslant 60 \quad (乙资源) \\ x_2 \leqslant 100 \quad (丙资源) \\ x_1, x_2 \geqslant 0 \end{cases}$$

其中，目标函数为总利润，x_1、x_2 为产品 A、B 的产量。现有下列目标：

P_1：总利润最好超过 2500 元。

P_2：考虑产品受市场的影响，为避免积压，A、B 的生产量不要超过 60 件和 100 件，以单件利润比为权系数。

P_3：由于甲资源供应比较紧张，最好不要超过现有量 140。

要求：

（1）建立其目标规划数学模型。

（2）用图解法求解。

（3）求总利润值。

9. 用单纯形法求解下列目标规划问题。

$$\min Z = P_1 d_1^- + P_2 d_3^- + P_3 d_2^- + P_4(d_1^+ + d_2^+)$$

$$\begin{cases} 2x_1 + x_2 + d_1^- - d_1^+ = 20 \\ x_1 + d_2^- - d_2^+ = 12 \\ x_2 + d_3^- - d_3^+ = 10 \\ x_1, x_2, d_j^-, d_j^+ \geqslant 0, j = 1, 2, 3 \end{cases}$$

综 合 训 练

1. 办公用品的销售管理

桑斯公司办公用品部门的管理层针对不同类型的客户制定了相应的月目标和配额。在接下来的 4 周里，桑斯公司的客户接触策略是：要求一个由 4 名销售员组成的销售小组从购买过公司产品的老客户中挑出 200 位并建立联系。另外，这个策略还要求与 120 位新客户建立联系。后一个目标的目的在于确认销售小组能继续开拓新的销售市场。

桑斯公司为销售员出差、等候、演示和直接销售的时间提供津贴，并给每一次接洽的老客户分配了 2h 的销售时间。接洽新客户则需要更长的时间，每次需3h。通常，每个销售员每周工作 40h，即在计划的 4 周内工作 160h，按照正常的工作安排，4 名销售员将有 4×160＝640（h）的销售时间可用于接洽客户。

如果有必要，管理层愿意使用一些加班时间；同时，如果所用的时间少于规定的 640h，他们也乐意接受。但是，不管是加班时间还是未被利用的时间，管理层希望在 4 周的时间里把它们都控制在 40h 之内。这样，如果加班，管理层的目标是销售时间不超过 640＋40＝680（h）；如果劳动力有富余，管理层希望销售时间不少于 640−40＝600（h）。

除了客户接触这个目标，桑斯公司还制定了销售额目标。基于以往的经验，桑斯公司估计每次与老客户的接触会带来 250 元的销售额，而一次与新客户的接触则会带来 125 元的销售额。管理层希望下个月的销售额至少达到 70 000 元。

鉴于桑斯公司规模很小的销售小组和较短的时间，管理层决定把加班和劳动力使用度作为第一优先目标。管理层还决定把 70 000 元的销售额作为第二优先目标，而两类客户接触的目标是第三优先目标。确立了这些优先级后，现在可以总结目标如下。

第一优先目标：

(1) 销售时间不得超过 680h。

(2) 销售时间不得少于 600h。

第二优先目标：

(3) 销售额不少于 70 000 元。

第三优先目标：

(4) 接洽的老客户不少于 200 位。

(5) 接洽的新客户不少于 120 位。

问：如何安排，能尽可能满足上述几个目标？

2. 小张理财

小张同学目前读大学二年级，正在修读运筹学课程。他规划本科毕业后出国留学。小张的父母为他准备了 80 万元留学基金，在某银行做短期理财。小张学习运筹学后，想将自己的留学基金"运筹"一下。

小张同学查了近期利率：活期存款为 0.32%，定期存款三月期为 1.95%，半年期为 2.2%，一年期为 2.6%。根据官方统计资料，小张大学二年级这一年居民消费价格指数（CPI）同比上涨 3.3%。小张同学意识到存款实际上是负利率，于是建议父母制订一个理财计划。小张的父母属于保守型理财客户，他们提出：首先，要保证资金安全，不要过于冒险，心理承受能力的上限是亏损不要超过 10 万元；其次，银行低风险理财和定期存款不少于 50%；再次，一年内回收本利 30 万元，两年内回收本利 60 万元；最后，最好三年内本利达到 100万元。

小张同学做了一个测算，按照父母现在的做法，即使按复利计算，第三年年末仅累积至近 87 万元。经过一番调查研究，他发现可选项目有：① 一年期低风险理财，利率为 4.05%；②两年期存款，利率为 4.25%；③三年期低风险理财，利率为 5.18%；④购买两年期企业债券，利率为 10%；⑤购买 A 基金，预期年收益为 12%；⑥购买 B 股票，据说一年内将有 50% 的回报。

银行存款和低风险理财的风险系数几乎为零，企业债券的风险系数为 0.2，A 基金的风险系数为 0.3，B 股票的风险系数为 0.8。

问：小张同学应如何安排投资才能使父母满意？本题中哪些参数或约束条件可以调整，哪些不可以调整？小张同学提出的理财计划是否合适？

3. 森林公园规划

某市海子角森林公园有 30 200 公顷林地，可用于散步、做休闲活动、建麋鹿园及木材砍伐等。每公顷林地每年可供 150 人散步、300 人做休闲活动、一只麋鹿活动或砍伐出 1500m³ 木材。为散步者维护 1 公顷林地一年的费用为 100 元，为其他休闲活动维护 1 公顷林地一年的费用为 400 元，为麋鹿园维护 1 公顷林地一年的费用为 50 元。每 1 公顷林地砍伐出的木材收入为 2000 元，该收入必须能够补偿维护林地的费用。林地监护人的目标有多个：

P_1：散步者人数至少达到 220 万人。

P_2：其他休闲活动的人数至少达到 510 万人。

P_3：满足 3100 只麋鹿的生活。

P_4：砍伐出的木材不超过 6 200 000m³。

请为该森林公园规划一个比较满意的方案。

4. 大学选课安排

某大学规定，经管学院某专业的学生毕业时必须至少学完两门数学类课程、三门运筹学类课程和两门计算机类课程。这些课程的编号、名称、学分、所属类别及先修课要求见表 6.15。

表 6.15　选课安排

编号	课程名称	学分/分	所属类别	先修课要求
1	高等数学	5	数学	—
2	线性代数	4	数学	—
3	最优化计算方法	4	数学，运筹学	高等数学，线性代数
4	数据结构	3	数学，计算机	计算机编程
5	统计学	4	数学，运筹学	高等数学，线性代数
6	计算机仿真模拟	3	运筹学，计算机	计算机编程
7	计算机编程	2	计算机	—
8	预测理论	2	运筹学	统计学
9	数据分析	3	运筹学，计算机	高等数学，线性代数

（1）毕业时学生最少可以学习这些课程中的哪些课可通过该专业毕业？请给出方案。

（2）如果某个学生既希望选修的课程数少，又希望所获得的学分多，他可以选修哪些课程？假设以下两个目标及偏离目标严重性的罚数权重如下：

1）最多选修 6 门课程，多选修 1 门课程罚 6 个单位。

2）最少获得 26 个学分，少修 1 个学分罚 4 个单位。

第7章 图论与网络计划技术

图论与网络计划技术是运筹学中的一个重要分支，已被广泛地应用在管理学、信息论、电子计算机、经济学等各个领域，尤其在通信系统、管理网络系统、交通运输系统、生产分配系统和军事后勤系统中都得到了极好地应用。随着信息技术和计算机技术的迅速发展，图论与网络计划技术的重要性日益凸显。

哥尼斯堡七桥问题是古典图论的一个著名问题。18 世纪，瑞士的哥尼斯堡城中有一条河，河中有两个岛，河的两岸和河中的两个小岛有 7 座桥连接，如图 7.1 所示。有当地居民提出：一个步行者能否通过每座桥一次且仅一次就能返回出发地？虽然当时有很多人相信不存在这种走法，但没有人能解释其原因。

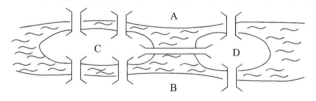

图 7.1 哥尼斯堡七桥问题示意图

后来，欧拉把河的两岸和两个小岛用点代替，把每座桥用连接对应点的边代替，把问题抽象化（图 7.2）。欧拉将此问题归为一笔画问题，即能否从某点开始一笔画出这个图形，最后回到出发点，而不重复。欧拉证明了这是不可能的。

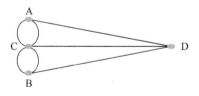

图 7.2 抽象的七桥问题

7.1 图的基本概念

图论在现实生活中的应用有很多，如各种通信网络的合理架设、交通网络的合理分布、物流配送中的最佳运送路线选择、邮递员送信（怎样走完负责投递的全部街道，可以在完成任务后回到邮局时使走的路线最短）等都属于图论问题。后面将要讨论的最短路问题、最大流问题、最小费用最大流问题等都是图与网络的基本问题。

7.1.1　图的概念及相关术语

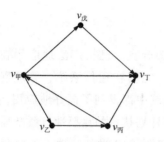

图 7.3　五个球队比赛的胜负连线

在实际生活中，许多对象之间的关系具有"对称性"与"不对称性"。例如，在铁路交通图上用点代表城市，用点和点之间的连线代表这两个城市之间有直通铁路，两个城市之间的铁路连线具有"对称性"。有许多关系不具有这种对称性。例如，有甲、乙、丙、丁、戊五个球队，五个球队之间的胜负关系显然是一种非对称关系，如果球队甲胜了球队乙，可以用一条带箭头的连线表示，即 $v_甲 \rightarrow v_乙$，如图 7.3 所示。

从以上分析可以看出，通常将所研究的对象看成一个点，用连线（带箭头或不带箭头）表示对象之间的某种特定关系，连线的长短曲直无关紧要，重要的是两点之间有无线相连。为了区别起见，把两点之间不带箭头的连线称为边，把带箭头的连线称为弧。由此，便抽象出图的概念。图具有两个特性：

1）图是由一些点之间的连线（带箭头或不带箭头）组成的。

2）具有"对称性"和"不对称性"。

图是描述对象之间某种特定关系的工具，用数字语言描述如下。

1. 图

一个图是由一个非空集合 **V**，以及由 **V** 中元素的无序（或有序）对组成的集合 **E**（或 **A**）组成的。**V** 中元素的无序点对构成的集合称为边集合 **E**。由点集合 **V** 和边集合 **E** 构成的无向图（简称图）记为 $G = (V, E)$，一条连接点 $v_i, v_j (v_i, v_j \in V)$ 的边 e_{ij} 记为 $e_{ij} = [v_i, v_j]$。**V** 中元素的有序点对构成的集合称为弧集合 **A**，由点集合 **V** 和弧集合 **A** 构成的有向图，记为 $D = (V, A)$ 或 $G = (V, A)$，一条方向是从 v_i 指向 v_j 的弧记为 $a_{ij} = (v_i, v_j)$。

图 7.4 所示是一个无向图，该图可以表示为

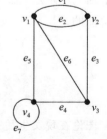

图 7.4　一个无向图

$$G = (V, E)$$

$$V = \{v_1, v_2, v_3, v_4\}$$

$$E = \{e_1, e_2, e_3, e_4, e_5, e_6, e_7\}$$

其中，$e_1 = [v_1, v_2]$，$e_2 = [v_1, v_2]$，$e_3 = [v_2, v_3]$，$e_4 = [v_3, v_4]$，$e_5 = [v_1, v_4]$，$e_6 = [v_1, v_3]$，$e_7 = [v_4, v_4]$。

图 7.5 所示是一个有向图，该图可以表示为

$$D = (V, A)$$

$$V = \{v_1, v_2, v_3, v_4, v_5, v_6, v_7\}, \quad A = \{a_1, a_2, a_3, a_4, \cdots, a_{11}\}$$

其中，$a_1 = (v_1, v_2)$，$a_2 = (v_1, v_3)$，$a_3 = (v_3, v_2)$，$a_4 = (v_3, v_4)$，$a_5 = (v_2, v_4)$，$a_6 = (v_4, v_5)$，$a_7 = (v_4, v_6)$，$a_8 = (v_5, v_3)$，$a_9 = (v_5, v_4)$，$a_{10} = (v_5, v_6)$，$a_{11} = (v_6, v_7)$。

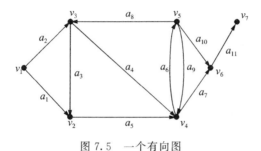

图 7.5　一个有向图

若图 G 中，某个边的两个端点相同，则称 e 是环（如图 7.4 中的 e_7）；若两个点之间有多于一条的边，称为多重边（如图 7.4 中的 e_1，e_2）。一个无环无重边的图称为简单图，允许有多重边的图称为多重图。

图 G 或图 D 中的点数记为 $p(G)$、$p(D)$，边数记为 $q(G)$，弧数记为 $q(D)$。

2. 图中有关点、边关系的术语

（1）关联边

当 $e_{ij} = [v_i, v_j]$ 时，与边 e_{ij} 相连的顶点 v_i、v_j 分别叫作 e_{ij} 的端点。e_{ij} 是顶点 v_i、v_j 的关联边，也称 v_i、v_j 是相邻的。与同一顶点关联的边叫作邻边。

（2）环

只与一个顶点关联的边叫作环，记为 $e_{ii} = v_i v_i$。

（3）次

以点 v_i 为端点的边的个数称为点 v_i 在 G 中的次，记为 $d_G(v_i)$ 或 $d(v_i)$。如果有环，则按两条边记，即

$$d(v_i) = d_l(v_i) + 2l(v_i)$$

其中，$d_l(v_i)$ 是与 v_i 相关联的非环边数，$l(v_i)$ 是与 v_i 相关联的环数。

（4）奇点

次为奇数的点称为奇点。

（5）偶点

次为偶数的点称为偶点。

定理 1 对于图 $G = (V, E)$，所有点的次之和是边数的两倍，即

$$\sum_{v \in V} d(v) = 2q$$

证明：每条边都有两个端点，在计算顶点的次时，每个端点都要计算对应边的次，故共有 $2q$ 次。

通俗地讲，就是线有两头，共有 $2q$ 个线头。

定理 2 任一个图中，奇点的个数为偶数。

$$\sum_{v \in V_{奇}} d(v_{奇}) + \sum_{v \in V_{偶}} d(v_{偶}) = \sum_{v \in V} d(v) = 2q$$

偶数减去偶数仍是偶数，于是得证。

（6）悬挂点

G 中次为 1 的点称为悬挂点或悬顶。

（7）悬边

悬挂点所关联的边称为悬边。

（8）孤立点

G 中次为 0 的点称为孤立点。

（9）链

设 $G = (V, E)$ 是给定的图，若 G 的某些点和边可以交错排成非空的有限序列 $Q = (v_{i_0}, e_{j_1}, v_{i_1}, \cdots, v_{i_{x-1}}, e_{i_x}, v_{t_x}, \cdots, v_{t_{k-1}}, e_{i_k}, v_{i_k})$，且 $e_{j_s} = [v_{j_{s-1}}, v_{j_s}](s = 1, 2, \cdots, k)$，则称 Q 为 G 中一条连接 v_{i_0} 与 v_{i_k} 的链。如果 G 是简单图，则链 Q 记为 $(v_{i_1}, v_{i_1}, \cdots, v_{i_k})$。

（10）初等链

若链 Q 中诸顶点皆不相同，则称 Q 为一条初等链。

（11）简单链

若一条链中的边都不相同，则称为简单链。

（12）圈

若点边交错序列 $Q = (v_{i_0}, e_{i_1}, v_{i_1}, \cdots, v_{i_{s-1}}, e_{i_s}, v_{i_s}, \cdots, v_{i_{k-1}}, e_{i_k}, v_{i_k})$ 中有 $v_{i_0} = v_{i_{0k}}$，则称 Q 为一个圈。

（13）路

若 $(v_{i_1}, a_{i_1}, v_{i_2}, a_{i_2}, \cdots, v_{i_{k-1}}, a_{i_{k-1}}, v_{i_k})$ 是有向图 D 中的一条链，并且对 $t=1, 2, \cdots, k-1$，均有 $a_{i_t} = (v_{i_t}, v_{i_{t+1}})$，称之为从 v_{i_1} 到 v_{i_k} 的一条路，用 P 表示，记为 $P(v_{i_0}, v_{i_1}, \cdots, v_{i_k})$。

（14）回路

若路的第一个点和最后一个点相同，则称为回路。

7.1.2　连通图与支撑子图

1. 连通图

连通图：图中，若任何两点之间至少有一条链，则称这个图是连通的，否则称为不连通图。

连通分图：若图 G 不连通，它的每个连通的部分称为 G 的一个连通分图。

2. 支撑子图

支撑子图：$G = (V, E)$，如果 $G' = (V', E')$，使 $V = V'$ 及 $E' \subseteq E$，则 G' 为 G 的一个支撑子图。例如，图 7.7 与图 7.8 是图 7.6 的支撑子图。

图 7.6　原图

图 7.7　子图 1

图 7.8　子图 2

7.2　树

7.2.1　树的概念

树是一个无圈的连通图。树的概念在实际中有很多应用。例如，组织机构、家谱、学科分支、互联网、通信网络及高压线路网络等都能表达成一个树图。图 7.9 所示是一个管道铺设方案路线图，是一个树，其特征是任意两点之间都有唯一的一条链相连且没有圈。

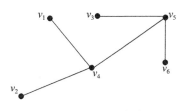
图 7.9　管道铺设方案路线图

由树的定义可以得到树的几个基本性质。

性质 1 设图 $G=(V,E)$ 是一个树, $p(G) \geqslant 2$, 则 G 中至少有两个悬挂点。

性质 2 图 $G=(V,E)$ 是一个树的充分必要条件是 G 不含圈, 且恰有 $p-1$ 条边, 即边数等于点数减 1。

性质 3 图 $G=(V,E)$ 是一个树的充分必要条件是 G 是连通图, 且 $q(G)=p(G)-1$, 即边数等于点数减 1。

性质 4 图 $G=(V,E)$ 是一个树的充分必要条件是任意两点之间恰有一条链。

推论 1 从一个树中去掉任意一边, 则余下的是不连通的。

推论 2 在树中不相邻的两点间添上一条边, 则恰好得到一个圈。

根据树的定义及三个性质, 可以归纳出树 T 的六个基本性质:

1) 树是无圈图。

2) 树是连通图。

3) 树中边数为点数减 1。

4) 树中减去一条边则不连通。

5) 树中加一条边则恰有一个圈。

6) 树中至少有两个悬挂点。

7.2.2 支撑树

支撑树: 设图 $T=(V,E')$ 是图 $G=(V,E)$ 的支撑子图, 如果图 $T=(V,E')$ 是一个树, 则称 T 是 G 的一个支撑树。

例如, 图 7.10 (b) 是图 7.10 (a) 所示图的一个支撑树。

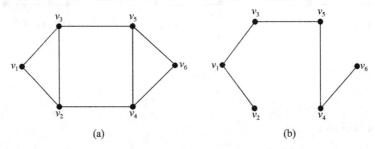

图 7.10 图与支撑树

定理 3 图 G 有支撑树的充分必要条件是图 G 是连通的。

证明 必要性是显然的。

充分性: 设图 G 是连通图, 如果 G 不含圈, 那么 G 本身是一个树, 从而 G 是它自身的一个支撑树。现设 G 含圈, 任取一个圈, 从圈中任意地去掉一条边,

得到图 G 的一个支撑子图 G_1。如果 G_1 不含圈，那么 G_1 是 G 的一个支撑树（因为易见 G_1 是连通的）；如果 G_1 仍含圈，那么从 G_1 中任取一个圈，从圈中再去掉一条边，得到图 G 的一个支撑子图 G_2。如此重复，最终可以得到 G 的一个支撑子图 G_k，它不含圈，于是 G_k 是 G 的一个支撑树。

定理 3 中充分性的证明提供了一个寻求连通图的支撑树的方法，即任取一个圈，从圈中去掉一边，对余下的图重复这个步骤，直到不含圈为止，即可得到一个支撑树，称这种方法为破圈法。

【例 7.1】　在图 7.11（a）中，用破圈法求出图的一个支撑树。

解　取一个圈 (v_1, v_2, v_3, v_1)，从这个圈中去掉边 $e_3 = [v_2, v_3]$；在余下的图中再取一个圈 $(v_1, v_2, v_4, v_3, v_1)$，去掉边 $e_4 = [v_2, v_4]$；在余下的图中，从圈 (v_3, v_4, v_5, v_3) 中去掉边 $e_6 = [v_5, v_3]$；再从圈 $(v_1, v_2, v_5, v_4, v_3, v_1)$ 中去掉边 $e_8 = [v_2, v_5]$。这时，剩下的图中不含圈，于是得到一个支撑树，如图 7.11（b）所示。

也可以用另一种方法来寻求连通图的支撑树。在图中任取一条边 e_1，找一条与 e_1 不构成圈的边 e_2，再找一条与 $\{e_1, e_2\}$ 不构成圈的边 e_3。一般，设已有 $\{e_1, e_2, \cdots, e_k\}$，找一条与 $\{e_1, e_2, \cdots, e_k\}$ 中的任何一些边不构成圈的边 e_{k+1}。重复这个过程，直到不能进行为止。这时，由所有取出的边构成的图是一个支撑树，称这种方法为避圈法。

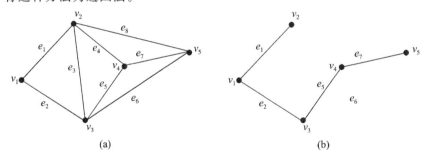

图 7.11　用破圈法求图的支撑树

【例 7.2】　在图 7.12（a）中，用避圈法求出一个支撑树。

解　首先任取边 e_1，因 e_2 与 e_1 不构成圈，所以可以取 e_2；因为 e_5 与 $\{e_1, e_2\}$ 不构成圈，故可以取 e_5（因 e_3 与 $\{e_1, e_2\}$ 构成一个圈 (v_1, v_2, v_3, v_1)，所以不能取 e_3）；因 e_6 与 $\{e_1, e_2, e_3\}$ 不构成圈，故可取 e_6；因 e_8 与 $\{e_1, e_2, e_5, e_6\}$ 不构成圈，故可取 e_8（因 e_7 与 $\{e_1, e_2, e_5, e_6\}$ 中的 e_5，e_6 构成圈 (v_2, v_5, v_4, v_2)，故不能取 e_7）。这时，由 $\{e_1, e_2, e_5, e_6, e_8\}$ 构成的图就是一个支撑树，如图 7.12（b）所示。

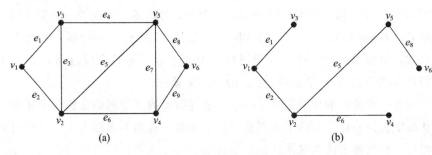

图 7.12　用避圈法求图的支撑树

实际上，由树的性质 2 可知，在破圈法中去掉的边数必是 $m-n+1$ 条，在避圈法中取出的边数必定是 $n-1$ 条。

7.2.3　最小支撑树

1. 最小支撑树的定义

最小支撑树：给定无向网络 $G=(V,E,W)$，对于 G 的每条边 $e\in E$，设权 $w(e)\geqslant 0$，对于 N 的每个生成树 T，定义 T 的权为

$$W(T)=\sum_{e\in T}w(e)$$

如果支撑树 T^* 的权 $W(T^*)$ 是 G 的所有支撑树的权最小者，则称 T^* 是 G 的最小支撑树。

例如，为促进农村经济的发展，实现村村通公路的目标，准备修建新公路，把五个村庄连接起来。已知每两个村之间修建公路的费用概算如图 7.13 所示，如何规划这个农村公路网，使村与村之间都有公路相通，且总造价最小？保证村与村之间都有公路相连，就要找图 7.13 的连通支撑子图 T；为使总造价最小，T 中自然不应含圈。显然，上述问题可以转化为寻找图 7.13 的最小支撑树问题。

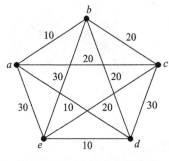

图 7.13　五个村庄之间修建公路的费用概算示意图

2. 最小支撑树的算法

所谓最小支撑树问题，就是在一个赋权的连通的无向图 G 中找出一个支撑树，并使这个支撑树的所有边的权数之和最小。

最小支撑树的算法主要有两种：其一为避圈法；其二为破圈法。

（1）避圈法

避圈法的基本思想是：首先将网络 **G** 的边按权的大小排序，然后从最小边开始选起，每次选出一个新的边后要判断其是否与已选的边构成一个圈，如果是则放弃该边，否则该边入选，直至所选的边数为点数减 1 为止。该算法每次选择边时总是优先选择权最小的边，所以避圈法又叫最小边优选法。

【例 7.3】　已知在图 7.14 所示的网络中，边上的数字代表权，试用避圈法求最小支撑树。

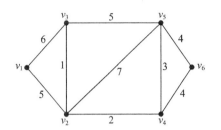 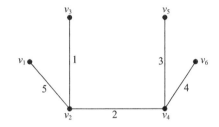

图 7.14　求最小支撑树的网络图　　　图 7.15　用避圈法求得图 7.14 的最小支撑树

解　将各边按权从小到大排列为 w_{23}、w_{24}、w_{45}、w_{56}、w_{46}、w_{12}、w_{35}、w_{13}、w_{25}。

第一步，选 w_{23} 边；第二步，选 w_{24} 边；第三步，选 w_{45}；第四步，权值为 4 的有两条边 w_{46} 和 w_{56}，任选其中一条 w_{46}，与前面已选的四条边不构成圈；第五步，此时不能选 w_{56}，否则与 w_{45} 和 w_{46} 构成了圈，可供选择的边有 w_{12} 和 w_{35}，w_{35} 与 w_{23}、w_{24}、w_{45} 构成了一个圈，所以只能选 w_{12}，此时有 5 条边，结束。图 7.15 就是图 7.14 的最小支撑树。

最小支撑树的权为 $5+1+2+3+4=15$。

显然，根据上述步骤，要想实现计算机编程求最小支撑树，关键在于：将网络的边按权的大小排序，和判断所选的边是否合圈这两部分，其中技巧性相对较高的是如何判断是否合圈。

（2）破圈法

破圈法是由罗斯（Rosens Tiehl）和管梅谷分别提出来的。其基本思路是：任取图中一个圈，去掉圈中最长的边，重复这一过程，直到找不到圈为止。

【例 7.4】　用破圈法求图 7.16 的最小

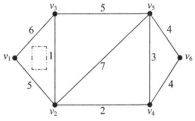

图 7.16　任选一个圈 $v_1 v_2 v_3$

支撑树。

解　第一步，任选一个圈 $v_1 v_2 v_3$，如图 7.16 所示，去掉权最大的边 w_{13}，如图 7.17 所示。

第二步，选圈 $v_2 v_3 v_5$，去掉权最大的边 w_{25}，如图 7.18 所示。

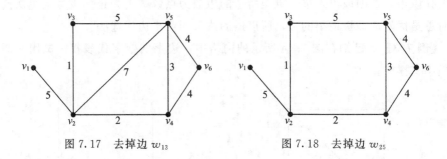

图 7.17　去掉边 w_{13} 　　　　　　　　图 7.18　去掉边 w_{25}

第三步，选圈 $v_2 v_3 v_5 v_4$，去掉权最大的边 w_{35}，如图 7.19 所示。

第四步，选圈 $v_4 v_5 v_6$，去掉权最大的边 w_{46} 或 w_{56}，如图 7.20 所示，得最小支撑树。

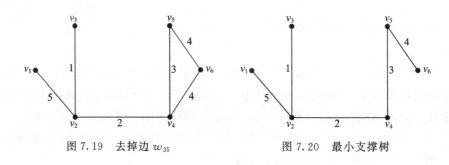

图 7.19　去掉边 w_{35} 　　　　　　　　图 7.20　最小支撑树

7.3　最短路问题

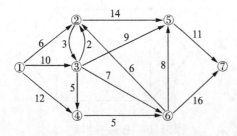

图 7.21　求最短路的有向网络图

7.3.1　最短路问题的定义

若网络中的每条边都有一个数值（长度、成本、时间等），则找出两节点之间总权和最小的路径就是最短路问题。最短路问题是网络理论解决的典型问题之一，可用来解决管路铺设、线路安装、厂区布局和设备更新等实际问题。如图 7.21 所示的单行线交通网，每条弧旁的数字代表通过这条单行线所需要的费用。现在某人要从①出发，到达⑦，求费用最小的路线。

本节的最短路问题主要研究有向网络，对于无向网络，每条边可以看成双向弧。

7.3.2　有向网络的最短路算法——Dijkstra 算法

给定一个赋权有向图 $D=(V,A)$，记 D 中每一条弧 $a_{ij}=(v_i,v_j)$ 的权为 $w_{ij}(a_{ij})=w_{ij}$。给定 D 中一个起点 v_s 和终点 v_t，设 P 是 D 中从 v_s 到 v_t 的一条路，则定义路 P 的权是 P 中所有弧的权之和，记为 $w(P)$，即

$$w(P)=\sum_{(v_i,v_j)} w_{ij}$$

又若 P^* 是 D 图中 v_s 到 v_t 的一条路，且满足

$$w(P^*)=\min\{w(P)\,|\,P\ \text{为}\ v_s\ \text{到}\ v_t\ \text{的路}\}$$

上式表示对 D 图的所有从 v_s 到 v_t 的路 P 取最小，则称 P^* 为从 v_s 到 v_t 的最短路，$w(P^*)$ 为从 v_s 到 v_t 的最短距离。

在一个图 $D=(V,A)$ 中，求从 v_s 到 v_t 的最短路和最短距离的问题就称为最短路问题。

Dijkstra 算法是目前公认求最短路最好的方法，它适合所有 $w_{ij}\geqslant 0$ 的情形。Dijkstra 算法是一种标记法，它的基本思路是从起点 v_s 出发，逐步向外探寻最短路。执行过程中，给每一个顶点 v_j 标号 (λ_j,l_j)，其中 λ_j 是正数，表示获得此标号的前一点的下标；l_j 表示从起点 v_s 到点 v_j 的最短路的权（称为固定标号，记为 P 标号），或表示从起点 v_s 到点 v_j 的最短路的权的上界（称为临时标号，记为 T 标号）。

在每一步中修改 T 标号，并把某一个具有 T 标号的点改变为具有 P 标号的点，从而使 D 中具有标号的顶点数多一个，这样至多经过 $n-1$ 步，就可以求出从 v_s 到 v_t 及各点的最短路，再根据每一点的第一个数 λ_j 反向追踪，找出最短路径。

用 P、T 分别表示某个顶点的 P 标号、T 标号，S_i 表示在第 i 步已具有 P 标号的点的集合。

Dijkstra 算法的具体步骤如下：

1）令起点的标号 $b(s)=0$。

2）找出所有 v_i 已标号、v_j 未标号的弧集合 $B=\{(i,j)\}$，如果这样的弧不

存在或 v_t 已标号,则计算结束。

3) 计算集合 $\boldsymbol{B}$ 中弧 $k(i,j)=b(i)+c_{ij}$ 的标号。

4) 选一个点标号 $b(l)=\min\limits_{j}\{k(i,j)\mid(i,j)\in\boldsymbol{B}\}$,在终点 v_l 处标号 $b(l)$,返回第 2) 步。

【例 7.5】 用 Dijkstra 算法求图 7.21 中点①到点⑦的最短路。

解 1) 起点的标号 $b(s)=\boxed{0}$。

2) 标号的点集合为 $\boldsymbol{S}=\{①\}$,未标号的点集合 $\boldsymbol{T}=\{②③④⑤⑥⑦\}$,$\min\{0+c_{12},0+c_{13},0+c_{14}\}=\min\{0+6,0+10,0+12\}=6$,在弧 (1,2) 的终点②处标号 $\boxed{6}$,如图 7.22 所示。

3) 标号的点集合为 $\boldsymbol{S}=\{①②\}$,未标号的点集合为 $\boldsymbol{T}=\{③④⑤⑥⑦\}$,$\min\{0+c_{13},0+c_{14},6+c_{23},6+c_{25}\}=\min\{0+10,0+12,6+3,6+14\}=9$,在弧 (2,3) 的终点③处标号 $\boxed{9}$,如图 7.23 所示。

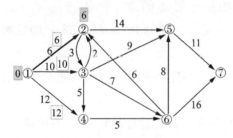
图 7.22　点②标号

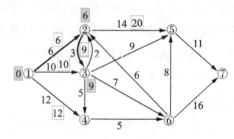
图 7.23　点③标号

4) 标号的点集合为 $\boldsymbol{S}=\{①②③\}$,未标号的点集合为 $\boldsymbol{T}=\{④⑤⑥⑦\}$,$\min\{0+c_{14},6+c_{25},9+c_{34},9+c_{35},9+c_{36}\}=\min\{0+12,6+14,9+5,9+9,9+7\}=12$,在弧 (1,4) 的终点④处标号 $\boxed{12}$,如图 7.24 所示。

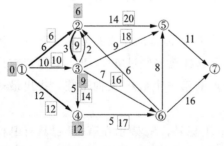
图 7.24　点④标号

5) 标号的点集合为 $\boldsymbol{S}=\{①②③④\}$,未标号的点集合为 $\boldsymbol{T}=\{⑤⑥⑦\}$,$\min\{6+c_{25},9+c_{35},9+c_{36},12+c_{46}\}=\min\{6+14,9+9,9+7,12+5\}=16$,在弧 (4,6) 的终点⑥处标号 $\boxed{16}$,如图 7.25 所示。

6) 标号的点集合为 $\boldsymbol{S}=\{①②③④⑥\}$,未标号的点集合为 $\boldsymbol{T}=\{⑤⑦\}$,$\min\{6+c_{25},9+c_{35},16+c_{67},16+c_{65}\}=\min\{6+14,9+9,16+16,16+8\}=18$,在

弧（6，5）的终点⑤处标号 $\boxed{18}$ ，如图 7.26 所示。

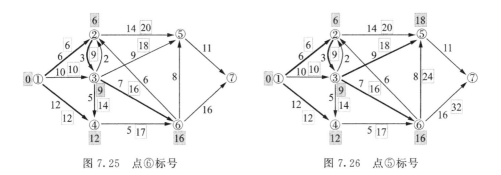

图 7.25　点⑥标号　　　　　　　　　图 7.26　点⑤标号

7）标号的点集合为 $S=\{①②③④⑤⑥\}$ ，未标号的点集合为 $T=\{⑦\}$ $\min\{18+c_{57},16+c_{67}\}=\min\{18+11,16+16\}=29$ ，在弧（5，7）的终点⑦处标号 $\boxed{29}$ ，如图 7.27 所示。

图 7.27 中终点⑦已标号，说明已得到①到⑦的最短路，计算结束。①到⑦的最短路为 $P=\{①,②,③,⑤,⑦\}$ ，最短路长为 $L=29$ 。

从例 7.5 可知，只要某点已标号，就说明已找到起点 v_s 到该点的最短路线及最短距离，因此可以将每个点标号，求出 v_s 到任意点的最短路线。如果某个点 v_j 不能标号，说明 v_s 不可

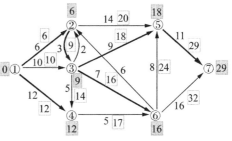

图 7.27　点⑦标号

到达 v_j 。

7.3.3　无向图最短路的求法

无向图最短路的求解只需将上述有向图的求解步骤 2）稍作改动即可。

用 Dijkstra 算法求无向图最短路的具体步骤如下：

1）令起点的标号 $b(s)=0$ 。

2）找出所有一端 v_i 已标号、另一端 v_j 未标号的边集合 $B=\{[i,j]\}$ ，如果这样的边不存在或 v_t 已标号，则计算结束。

3）计算集合 B 中边 $k[i,j]=b(i)+c_{ij}$ 的标号。

4）选一个点标号 $b(l)=\min_{j}\{k[i,j]\mid[i,j]\in B\}$ ，在终点 v_l 处标号 $b(l)$ ，返回第 2）步。

【例 7.6】　求图 7.28 中点①到各点的最短路及最短距离。

解　起点标号为 $\boxed{0}$ ，按上述步骤得到的结果如图 7.29 所示。

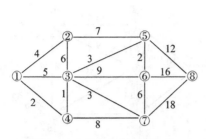

图 7.28　点①至各点的距离

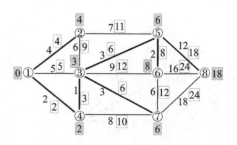

图 7.29　各点标号及最短路线

所有点都已标号，各点上的标号就是点①到该点的最短距离，最短路线就是图中粗线标示的路径①—④—③—⑤—⑧。

7.4　网络最大流

网络最大流问题是网络的另一个基本问题。许多系统包含了流量问题，如交通系统有车流量，金融系统有现金流，控制系统有信息流等。许多流问题主要是确定这类系统网络所能承受的最大流量及如何达到这个最大流量。

7.4.1　基本概念

图 7.30 所示是连接某产品产地 v_1 和销地 v_7 的交通图。弧（ v_i ， v_j ）表示从 v_i 到 v_j 的运输线，弧旁的数字表示这条运输线的最大通过能力 c_{ij} ，括号内的数字表示该弧上的实际流 f_{ij} 。现要求制订一个运输方案，使从 v_1 运到 v_7 的产品数量最多。

在运输网络的实际问题中可以看出，对于流有两个基本要求：一是每条弧上的流量必须是非负的，且不能超过该弧的最大通过能力（该弧的容量）；二是起点发出的流的总和（称为流量）必须等于终点接收的流的总和，且各中间点流入的流量之和必须等于

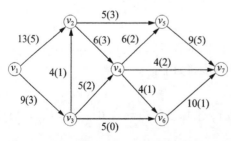

图 7.30　v_1 到 v_7 的交通图

从该点流出的流量之和，即流入的流量之和与流出的流量之和的差为零。也就是说，各中间点只起转运作用，既不产出新的物资，也不得截留过境的物资。

对于给定的网络 $\boldsymbol{D}=(\boldsymbol{V},\boldsymbol{A},\boldsymbol{C})$ 和给定的流 $f=\{f(v_i,v_j)\}$ ，若 f 满足下列

条件，则称 $f=\{f_{ij}\}$ 为一个可行流，$v(f)$ 为这个可行流的流量：

1）容量限制条件：对每一条弧 (v_i,v_j)，有 $0\leqslant f_{ij}\leqslant c_{ij}$。

2）对于中间点：流出量＝流入量，即对于所有的中间点 v_m，$\sum\limits_{v_m}f_{im}=$

$\sum\limits_{v_m}f_{km}$。

3）$v=\sum\limits_{v_s}f_{sj}=\sum\limits_{v_t}f_{it}$，即由出发点（简称发点）$v_s$ 流出的总流量等于流入接收点（简称收点）v_t 的总流量。

注意：这里所说的出发点 v_s 是指只有从 v_s 发出去的弧，而没有指向 v_s 的弧；收点 v_t 是指只有弧指向 v_t，而没有从它发出去的弧。

可行流总是存在的。例如，令所有弧上的流 $f_{ij}=0$，就得到一个可行流（称为零流），其流量 $v(f)=0$。

在图 7.30 中，每条弧上括号内的数字给出的就是一个可行流 $f=\{f_{ij}\}$，它显然满足定义中的条件 1）和 2），其流量 $v(f)=f_{12}+f_{13}=5+3=8$。

所谓网络最大流问题，就是求一个流 $f=\{f_{ij}\}$，使得总流量 $v(f)$ 达到最大，并且满足可行流定义中的条件 1）和 2）。图 7.30 所示最大流问题的线性规划数学模型为

$$\max v=f_{12}+f_{13}$$
$$\begin{cases}f_{12}+f_{13}-f_{47}-f_{57}-f_{67}=0\\\sum\limits_{v_m}f_{im}-\sum\limits_{v_m}f_{mj}=0,\text{所有中间点 }v_m\\0\leqslant f_{ij}\leqslant c_{ij},\text{所有弧}(i,j)\end{cases}$$

网络最大流问题是一个特殊的线性规划问题，我们将会看到，利用图的特点解决这个问题较利用线性规划的一般方法要简便和直观得多。

在网络 $\boldsymbol{D}=(\boldsymbol{V},\boldsymbol{A},\boldsymbol{C})$ 中，若给定一个可行流 $f=\{f_{ij}\}$，网络中使 $f_{ij}=c_{ij}$ 的弧称为饱和弧，使 $0\leqslant f_{ij}<c_{ij}$ 的弧称为非饱和弧。$f_{ij}=0$ 的弧称为零流弧，$0<f_{ij}\leqslant c_{ij}$ 的弧称为非零流弧。图 7.30 中的弧都是非饱和弧，而弧 (v_3,v_6) 为零流弧。

若 μ 是网络中连接出发点 v_s 和接收点 v_t 的一条链，一般定义链的方向是从 v_s 到 v_t。链上的弧被分为两类：一类是方向与链的方向一致的弧，称此类弧为前向弧，所有前向弧的集合记为 μ^+；另一类是方向与链的方向不一致的弧，称此类弧为后向弧，所有后向弧的集合记为 μ^-。

图 7.31 所示是一条增广链，其中 $\mu^+=\{(v_1,v_2),(v_3,v_6),(v_6,v_7)\}$，$\mu^-=\{(v_3,v_2)\}$。

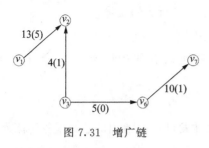

图 7.31 增广链

增广链：设 $f = \{f_{ij}\}$ 是网络 $D = (V, A, C)$ 上的一个可行流，μ 是从 v_s 到 v_t 的一条链，若 μ 满足下列条件，则称 μ 是关于 f 的一条增广链：

1）在弧 $(v_i, v_j) \in \mu^+$ 上，即 μ^+ 中的每一条弧都是非饱和弧。

2）在弧 $(v_i, v_j) \in \mu^-$ 上，即 μ^- 中的每一条弧都是非零流弧。

7.4.2 寻求最大流的标号法（Ford – Fulkerson）

从任一个可行流 $f = \{f_{ij}\}$ 出发（若网络图中没有给定 f，则可以设 f 是零流），经过几次标号与调整过程，最后得到最大流，称为寻求最大流的标号法（Ford – Fulkerson）。

1. 标号过程

在标号过程中，网络中的点分为标号点（又分为已检查点和未检查点两种）和未标号点。每个标号点的标号分为两部分：第一个标号表明标号是从哪一点得到的，以便找出增广链；第二个标号用于确定增广链的调整量 θ。

标号过程开始后，先给 v_s 标上 ∞，这时 v_s 是标号而未检查的点，其余都是未标号点。一般地，取一个标号而未检查的点 v_i，对一切未标号点 v_j：

1）在弧 (v_i, v_j) 上，$f_{ij} < c_{ij}$，则给 v_j 标号 $\theta_j = c_{ij} - f_{ij}$，这时点 v_j 成为标号而未检查的点。

2）若在弧 (v_j, v_i) 上，$f_{ji} > 0$，给 v_j 标号 $\theta_j = f_{ji}$，这时点 v_j 成为标号而未检查的点。

于是，v_i 成为标号而已检查的点。重复上述步骤，一旦 v_t 被标号，表明得到一条从 v_s 到 v_t 的增广链 μ，转入调整过程。

若所有标号都已检查，而标号过程无法进行下去，则算法结束，这时的可行流就是最大流。按 v_t 及其他点的第一个标号，利用"反向追踪"的办法找出增广链 μ。当收点不能得到标号时，说明不存在增广链，计算结束。

2. 调整过程

1）求增广链上点 v_i 的标号最小值，得到调整量 $\theta = \min_{j}\{\theta_j\}$。

2）调整流量。

$$f_1 = \begin{cases} f_{ij}, & (i,j) \notin \mu \\ f_{ij} + \theta, & (i,j) \in \mu^+ \\ f_{ij} - \theta, & (i,j) \in \mu^- \end{cases}$$

去掉所有的标号，对新的可行流 f_i'，重新进入标号过程。

定理 4　在网络 $D = (V, A, C)$ 中，可行流 $f^* = \{f_{ij}^*\}$ 是最大流的充要条件是不存在发点到收点的增广链。

下面通过例题说明此算法的求解过程。

【例 7.7】　用标号法求图 7.30 所示网络的最大流。弧旁的数是 c_{ij}（f_{ij}）。

解　第一轮标号过程：对图 7.30 中各顶点进行标号。找到一条增广链，如图 7.32 所示，调整量为增广链上点标号的最小值 $\theta = \{\infty, 8, 1, 3, 2\} = 1$，得一新的可行流，如图 7.33 所示。

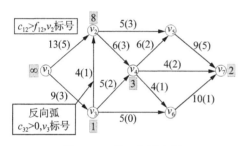

图 7.32　找一条增广链

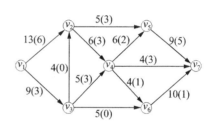

图 7.33　新的可行流

第二轮标号过程：找到一条增广链，如图 7.34 所示，调整量为增广链上点标号的最小值 $\theta = \{\infty, 7, 3, 1\} = 1$，得一新的可行流，如图 7.35 所示。

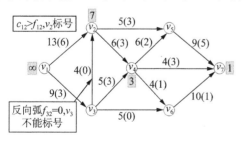

图 7.34　找一条增广链

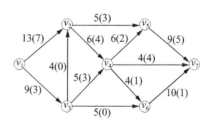

图 7.35　新的可行流

第三轮标号过程：找到一条增广链，如图 7.36 所示，调整量为增广链上点标号的最小值 $\theta = \{\infty, 6, 2, 4, 4\} = 2$，得一新的可行流，如图 7.37 所示。

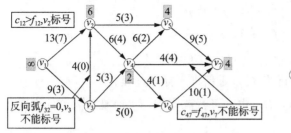

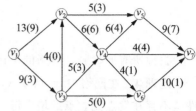

图 7.36　找一条增广链　　　　图 7.37　新的可行流

第四轮标号过程：找到一条增广链，如图 7.38 所示，调整量为增广链上点标号的最小值 $\theta = \{\infty, 6, 2, 2\} = 2$，得一新的可行流，如图 7.39 所示。

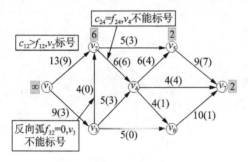

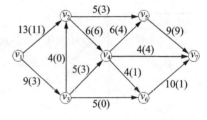

图 7.38　找一条增广链　　　　图 7.39　新的可行流

第五轮标号过程：找到一条增广链，如图 7.40 所示，调整量为增广链上点标号的最小值 $\theta = \{\infty, 6, 2, 3, 9\} = 2$，得一新的可行流，如图 7.41 所示。

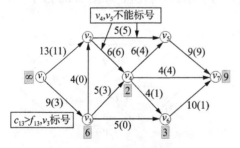
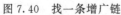

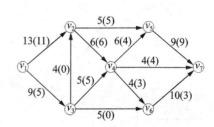

图 7.40　找一条增广链　　　　图 7.41　新的可行流

第六轮标号过程：找到一条增广链，如图 7.42 所示，调整量为增广链上点标号的最小值 $\theta = \{\infty, 4, 1, 7\} = 1$，得一新的可行流，如图 7.43 所示。

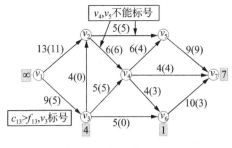

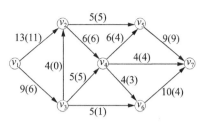

图 7.42 找一条增广链　　　　　　图 7.43 新的可行流

第七轮标号过程：找到一条增广链，如图 7.44 所示，调整量为增广链上点标号的最小值 $\theta=\{\infty,3,4,6\}=3$，得一新的可行流，如图 7.45 所示。

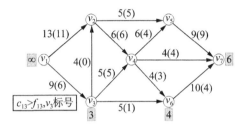

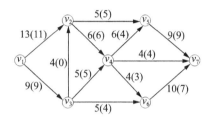

图 7.44 找一条增广链　　　　　　图 7.45 新的可行流

第八轮标号过程：v_7 得不到标号，如图 7.46 所示，不存在 v_1 到 v_7 的增广链，可行流是最大流，如图 7.47 所示，最大流量为

$$v=f_{12}+f_{13}=11+9=f_{47}+f_{57}+f_{67}=4+9+7=20$$

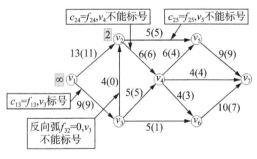

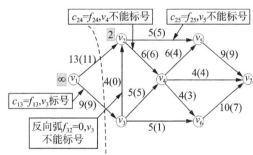

图 7.46 找一条增广链　　　　　　图 7.47 最大流

7.4.3 截集与截量

截集与截量也称割集与割量。截集是分割网络发点与收点的一组弧的集合，从网络中去掉这组弧就会断开网络，从发点就不能到达收点。

对于有向网络 $G=(V,A,C)$，若 S 为 V 的子集，$\overline{S}=V-S$，则称弧集 $(S,\overline{S})=\{a \mid a=(u,v), u \in S, v \in \overline{S}\}$ 为网络 G 的一个截集，并将截集中所有弧容量之和称为截容量，即 $C(S,\overline{S}) = \sum_{a \in (S,\overline{S})} C(a)$ 为截集 $(S,\overline{S})$ 的截容量（简称截量）。

在图 7.46 中，设 $S=\{v_1,v_2\}$，$\overline{S}=\{v_3,v_4,v_6,v_7\}$，则截集为

$$(S,\overline{S})=\{(v_1,v_3),(v_3,v_2),(v_2,v_4),(v_2,v_5)\}$$

截量 $C(S,\overline{S})=9+0+6+5=20$。

若 $(S^*,\overline{S}^*)$ 是容量网络 G 中所有截集中截量最小的截集，即 $C(S^*,\overline{S}^*)=\min\{C(S,\overline{S})\mid(S,\overline{S})$ 为网络 G 的一个截量$\}$，则称 $(S^*,\overline{S}^*)$ 为图 G 的最小截集，$C(S^*,\overline{S}^*)$ 为图 G 的最小截量。

截集不同，其截量也不同。由于截集的个数是有限的，故其中必有一个截集的容量是最小的，称为最小截集，也就是通常所说的"瓶颈"。网络的最大流量等于它的最小截量。

7.5 网络计划技术

网络计划技术是指用于工程项目的计划与控制的一项管理技术。它是 20 世纪 50 年代末发展起来的，按照起源有关键线路法（CPM）与计划评审法（PERT）之分。1956 年，美国杜邦公司在制订不同业务部门的系统规划时制订了第一套网络计划。这种计划借助网络表示各项工作与所需要的时间，以及各项工作的相互关系。通过网络分析研究工程费用与工期的相互关系，并找出计划执行过程中的关键线路，这种方法称为关键线路法。1958 年美国海军武器部在制订"北极星"导弹研制计划时也应用了网络分析方法与网络计划，但更注重于对各项工作安排的评价和审查，这种方法称为计划评审法。

PERT 是当完成工作的时间不能确定（是一个随机变量）时采用的计划编制方法，活动的完成时间通常用三点估计法确定，注重计划的评价和审查。CPM 以经验数据确定工作时间，将确定的工作时间看作确定的数值，主要研究项目的费用与工期的关系。通常将这两种方法融为一体，统称为网络计划/网络计划技术（PERT/CPM）。网络计划主要应用于新产品研制与开发、大型工程项目施工的计划编制与计划优化，是项目管理领域比较科学的一种计划编制方法，比甘特图（或称横道图）计划方法有更多优点。网络计划有利于对计划进行控制、管理、调整和优化，更清晰地了解各工作之间相互联系和相互制约的逻辑关系，掌握关键工作和计划的全盘情况。

7.5.1　项目网络图的基本概念

1. 基本概念

1) 工序（或称为作业、活动）：任何消耗时间或资源的活动，如新产品设计中的初步设计、技术设计、工装制造等。根据需要，工序可以划分得粗一些，也可以划分得细一些。

2) 虚工序：虚设的工序，用来表达相邻工序之间的衔接关系，不需要时间和资源。

3) 事项：标志工序的开始或结束，其本身不消耗时间或资源，或相对于作业来说消耗量小得可以忽略不计。某个事项的实现，标志着在它前面各项作业（紧前工序）的结束，又标志着在它之后各项作业（紧后工序）的开始。如机械制造业中，只有完成铸锻件毛坯后才能开始机加工；各种零部件都完成后才能进行总装等。

4) 网络图：由工序、事项及标有完成各道工序所需时间构成的连通有向图。绘制网络图是网络计划技术的基础工作。

5) 箭线式网络图：用箭条表示工序的计划网络图。本节要介绍的就是箭线式图。

6) 节点网络图：用节点表示工序的计划网络图。

7) 路：从起点沿箭头方向到终点的有向路。

8) 紧前工序：紧接某项工序的先行工序。

9) 紧后工序：紧接某项工序的后续工序。

10) 前道工序：某工序之前的所有工序。

11) 后续工序：某工序之后的所有工序。

12) 关键线路：网络图上路长最长的一条线路。在关键线路上的作业称为关键作业，这些作业的完成情况直接影响着整个计划的工期。在计划执行过程中，关键作业是管理的重点，在时间和费用方面要严格控制。

2. 网络计划方法的特点

1) 网络计划的优点是把施工过程中的各有关工作组成了一个有机的整体，能全面而明确地反映出各项工作之间相互制约、相互依赖的关系。

2) 可以进行各种时间参数的计算，能在工作繁多、错综复杂的计划中找出影响工程进度的关键工作和关键线路，便于管理人员抓住主要矛盾，集中精力确保工期，避免盲目抢工。

3）通过对各项工作机动时间（时差）的计算，可以更好地运用和调配人员与设备，节约人力、物力，达到降低成本的目的；在计划执行过程中，当某一项工作因故提前或拖后时，能从网络计划中预见到它对后续工作及总工期的影响程度，便于采取措施；可利用计算机进行计划的编制、计算、优化和调整。

3. "向关键工作要时间，向非关键工作要资源"

1）如果能够缩短关键工序所需的时间，就可以缩短工程的完工时间，而缩短非关键线路上的各个工序所需要的时间却不能使工程的完工时间提前。即使在一定范围内适当地拖长非关键线路上各个工序所需的时间，也不至于影响工程的完工时间。

2）对各关键工序，优先安排资源，挖掘潜力，采取相应措施，尽量压缩需要的时间；而对非关键线路上的各个工序，只要在不影响工程完工时间的条件下抽出适当的人、财、物力等资源，用在关键工序上，就可以达到缩短工程工期、合理利用资源等目的。在执行计划过程中，通过网络图可以明确工作重点，对各个关键工序加以有效控制和调度。

4. 绘制网络图

1）当工序 a 完工后工序 b 可以开工，如图 7.48 所示。

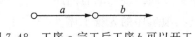

图 7.48　工序 a 完工后工序 b 可以开工

2）当工序 a 完工后工序 b 和 c 可以开工，如图 7.49 所示。当工序 a 和 b 完工后工序 c 可以开工，如图 7.50 所示。

图 7.49　工序 a 完工后工序 b 和 c 可以开工　　图 7.50　工序 a 和 b 完工后工序 c 可以开工

3）a、b、c 三道工序同时开始或同时结束的情况如图 7.51 和图 7.52 所示。

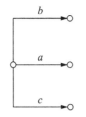
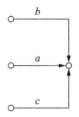

图 7.51　a，b，c 三道工序同时开始　　图 7.52　a，b，c 三道工序同时结束

4）当工序 a 和 b 完工后工序 c 和 d 可以开工，如图 7.53 所示。

5）工序 c 在工序 a 完工后就可以开工，但工序 d 必须在 a 和 b 都完工后才能开工，如图 7.54 所示。

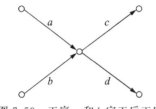
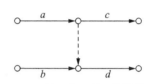

图 7.53　工序 a 和 b 完工后工序　　图 7.54　工序 a 是工序 c 的紧前工序，
　　　　　c 和 d 可以开工　　　　　　　工序 a 和 b 是工序 d 的紧前工序

6）事项 i、j 之间有多道工序时，添加虚工序。如图 7.55 所示，②与⑥之间有 a、b 两道工序，需添加虚工序 c。

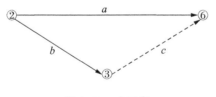

图 7.55　虚工序

7）用弧 $(i，j)$ 表示一道工序，事项 i 是工序的开始，事项 j 是工序的完成，规定 $i < j$，如图 7.56 所示。

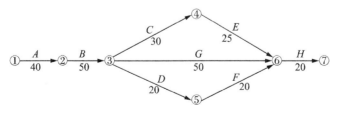

图 7.56　网络图编号

8）网络图只有一个发点（项目的开始点）、一个收点（项目的结束点）。如图 7.57 所示，应合成为图 7.58 所示的一个始点及一个终点。

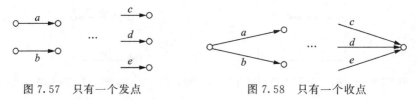

图 7.57　只有一个发点　　　　　　　　　图 7.58　只有一个收点

7.5.2　绘制网络图的基本原则和步骤

1. 绘制网络图的基本原则

1）在网络图中不能出现循环线路。

2）在两个相邻的节点之间只能有一条弧线。

3）任何一项工序都有自己的编号，号码不能重复，且节点编号的箭尾编号总比箭头编号小。

4）除始、终点事项外，其余的事项应前后衔接，不允许有中断的缺口。

5）尽量美观、清晰。

6）始点、终点事项分别只有一个。

2. 绘制网络图的步骤

1）确定目标，分解任务，列出作业明细表。

2）估计工序的时间。

3）绘制网络图，进行节点编号。

4）计算网络时间，确定关键线路。

5）进行网络计划方案的优化。

6）贯彻执行网络计划。

7.5.3　工序时间的估计

三点估计法即事先估计出工序的三种可能完成时间，其期望值作为工序时间的估计值。三种时间是：

1）完成工序 (i, j) 的最短时间，称为乐观时间，记为 a_{ij}。

2）完成工序 (i, j) 的正常时间，称为最可能时间，记为 m_{ij}。

3）完成工序 (i, j) 的最长时间，称为悲观时间，记为 b_{ij}。

三种时间发生的概率分别为 $1/6$、$4/6$、$1/6$，则工序 (i,j) 完成时间的期望值和方差为

$$\bar{t}_{ij} = E(t_{ij}) = \frac{a_{ij} + 4m_{ij} + b_{ij}}{6}$$

$$\sigma_{ij}^2 = D(t_{ij}) = \left(\frac{b_{ij} - a_{ij}}{6}\right)^2$$

均方差为

$$\sigma_{ij} = \frac{b_{ij} - a_{ij}}{6}$$

7.5.4　网络参数

1. 事项的时间参数 $T_E(j)$、$T_L(i)$

1）事项 j 的最早时间 $T_E(j)$ 表示以 j 为开工事项工序的最早可能开工时间。

$$\begin{cases} T_E(j) = \max_i\{T_E(i) + t_{ij}\} \\ T_E(1) = 0 \end{cases}$$

2）事项 i 的最迟时间 $T_L(i)$ 表示以 i 为完工事项工序的最迟必须完工时间。

$$\begin{cases} T_L(i) = \min_j\{T_L(j) - t_{ij}\} \\ T_L(n) = T_E(n) \end{cases}$$

$\triangle$ 表示的是 T_L，$\square$ 表示的是 T_E。当 $\boxed{i} = \triangle$，$\boxed{j} = \triangle$ 组成的线路中有 $\boxed{j}$ $-\boxed{i} = t(i,j)$ 或 $\triangle - \triangle = t(i,j)$ 成立，则这条线路为关键线路。

【例 7.8】　已知工序资料见表 7.1。

表 7.1　工序资料

工序	紧前工序	工时/天	工序	紧前工序	工时/天
A	—	4	D	A	3
B	—	8	E	A	5
H	E、F、G	3	C	B	6
F	A	7	G	B、D	4

要求：

1）绘制箭线式网络图。

2）求各事项的时间参数。

3）求工程完工工期。

解 1）其箭线式网络图如图 7.59 所示。

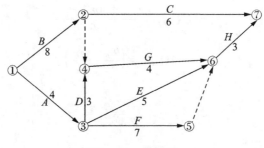

图 7.59 网络图

2）事项时间参数如图 7.60 所示。□内表示 T_E，△内表示 T_L。

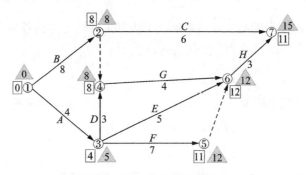

图 7.60 事项时间参数

3）工程完工工期为 15 天。

2. 工序的时间参数 $T_{ES}(i,j)$、$T_{LS}(i,j)$、$T_{EF}(i,j)$、$T_{LF}(i,j)$、$S(i,j)$

1）工序 (i,j) 的最早开始时间（earliest start time for an activity）$T_{ES}(i,j)$，指紧前工序的最早可能完工时间的最大值，计算公式为

$$\begin{cases} T_{ES}(i,j) = \max_{\theta < i < j}\{T_{ES}(\theta,i) + t(\theta,i)\} \\ T_{ES}(1,j) = 0 \end{cases}$$

或

$$T_{ES}(i,j) = T_E(i)$$

2）工序 (i,j) 的最早完工时间（earliest finish time for an activity）$T_{EF}(i,j)$，指某工序完工的最早时间，等于其最早开始时间加上该工序的持续时间，计算公式为

$$T_{EF}(i,j) = T_{ES}(i,j) + t(i,j)$$

3）工序(i,j)的最迟必须开始时间（latest start time for an activity）$T_{LS}(i,j)$。指为了不影响紧后工序如期开工，该工序最迟必须开工的时间，计算公式为

$$\begin{cases} T_{LS}(i,j) = \min_{i<j<\phi} \{T_{LS}(j,\phi) - t(i,j)\} \\ T_{LS}(i,n) = 总工时 - t(i,n) \end{cases}$$

4）工序(i,j)的最迟必须结束时间（latest finish time for an activity）$T_{LF}(i,j)$，指某工序最迟必须完工的时间，计算公式为

$$T_{LF}(i,j) = T_{LS}(i,j) + t(i,j) = \min_{i<j<\phi} T_{LS}(j,\phi)$$

或

$$T_{LF}(i,j) = T_L(j)$$

5）工序(i,j)的总时差或松弛时间（slack for an activity）$S(i,j)$，指工序(i,j)的最迟开始（结束）时间与最早开始（结束）时间之差，计算公式为

$$S(i,j) = T_{LS}(i,j) - T_{ES}(i,j)$$
$$= T_{LF}(i,j) - T_{EF}(i,j)$$
$$= T_{LF}(i,j) - T_{ES}(i,j) - t(i,j)$$

工序总时差是在不影响任务总工期的条件下，某工序(i,j)可以延迟开工时间的最大幅度。工序总时差越大，表明该工序在整个网络中的机动时间越长，可以在一定范围内将该工序的人、财、物资源利用到关键工序中，达到缩短工期的目的。

把$S(i,j)=0$的工序连起来就是关键线路。

【例 7.9】　已知工序资料见表 7.2。

表 7.2　工序相关资料

工序	紧前工序	工时/天	工序	紧前工序	工时/天
a	无	10	h	f	10
b	无	8	i	f	4
c	a、b	6	j	g	12
d	b	16	k	h、i、j	16
e	c	24	l	c	8
f	d、e	4	m	l	24
g	f	4	n	k、m	4

要求：

1）画出其箭线式网络图。

2）求该项工程从施工开始到全部结束的最短时间。

3）若工序 l 拖延 10 天，则对整个工程进度有何影响？

4）若工序 j 的工时由 12 天缩短到 8 天，对整个工程进度有何影响？

5）为保证整个工程在最短时间内完成，工序 i 最迟必须在哪一天开工？

6）若要求整个工程在 75 天内完工，是否需要采取措施？应从哪些方面采取措施？

解 1）其箭线式网络图如图 7.61 所示。

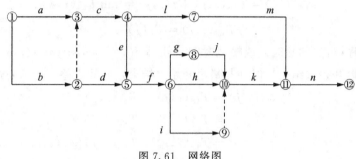

图 7.61　网络图

2）通过事件时间参数求出该工程从施工开始到全部结束的最短周期为 80 天，如图 7.62 所示。

3）由图 7.63 可知工序 l 的时差为 28 天，工序 l 是非关键工序。若工序 l 拖延 10 天（<28 天），对整个工程进度无影响。

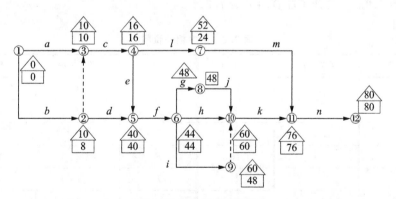

图 7.62　事项时间参数

4）由图 7.62 可知工序 j 的时差为 0，工序 j 是关键工序。若工序 j 的持续时间由 12 天缩短到 8 天，则总工期缩短 4 天。

5）工序 i 的最迟开始时间为工程开工后的第 56 天，$T_{LS}(6,9)=56$。

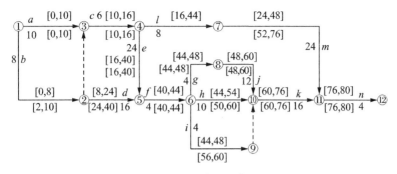

图 7.63　工序时间参数

6）需要采取措施，应设法缩短关键线路上的工序 a,c,e,f,g,j,k,n 的持续时间，共可缩短 5 天。

7.5.5　项目完工的概率

工序时间是随机变量时，项目的完工工期也是随机变量。设 X_k 为关键工序 k 所需时间的随机变量，则 X_k 相互独立，工序的期望值及方差为

$$\mu_k = E(X_k) = t(k) = \frac{a_k + 4mk + b_k}{6}$$

$$\sigma_k^2 = D(X_k) = \left(\frac{b_k - a_k}{6}\right)^2$$

设关键工序数为 n，工程的完工工期是一随机变量，$X = \sum_{k=1}^{n} X_k$。

工程完工工期的期望值及方差为

$$\mu_n = \sum_{k=1}^{n} E(X_k)$$

$$\sigma_n^2 = \sum_{k=1}^{n} \sigma_k^2$$

令 $Z_n = \dfrac{X - \mu_n}{\sigma_n}$，则由李雅普诺夫中心极限定理知

$$\lim_{n \to \infty} F_n(X) = \lim p\{Z_n \leqslant X\} = \int_{-\infty}^{X} \frac{1}{\sqrt{2\pi}} e^{-\frac{t^2}{2}} dt$$

式中，n 为关键工序数，即当 n 很大时，Z_n 近似服从 $N(0,1)$ 分布，则有 $X = \sum X_K = \sigma_n Z_n + \mu_n$ 近似服从 $N(\mu_n, \sigma_n^2)$ 分布，即 $X \sim N(\mu_n, \sigma_n^2)$。

设给定一个时间 X_0，则工程完工时间不超过 X_0 的概率为

$$p\{X \leqslant X_0\} = \int_{-\infty}^{X_0} N(\mu_n,\ \sigma_n^2) \mathrm{d}t = \int_{-\infty}^{\frac{X_0-\mu_n}{\sigma_n}} N(0,\ 1)\mathrm{d}t$$

要使工程完工的概率为 p_0，至少需要的时间 X 满足

$$p\{X \leqslant X_0\} = \int_{-\infty}^{X} N(0,\ 1)\mathrm{d}t = p_0$$

其中，X_0 是给定的值。可查正态分布表求出 X，由 $X = \dfrac{X_0 - \mu_n}{\sigma_n}$ 可得 $X_0 = X\sigma_n + \mu_n$。

【例 7.10】 已知某项工程，各关键工序的三点时间估计见表 7.3，试求工程完工期望的均值和方差，以及该项目在 16 天内完工的概率。如果要求完工概率达到 97.2%，则工期应定为多少天？

表 7.3　关键工序三点时间估计

工序	三种时间估计/天			平均时间 t_{ij}/天	方差 σ_{ij}^2
	a	m	b		
B	5	7	10		
E	1	2	3		
F	2	4	6		
I	2	4.5	6		

解　正态分布表见表 7.4（以%给出概率值）。

表 7.4　正态分布表

λ	$p/\%$	λ	$p/\%$
-1.2	11.5	1.9	97.1
-1.1	13.5	2.0	97.7
-1.15	12.5	2.1	97.2
-1.0	15.9	2.2	97.6

计算出关键工序时间的估计值及方差，见表 7.5。

表 7.5　关键工序时间的估计值及方差

工序	三点时间估计/天			平均时间 t_{ij}/天	方差 σ_{ij}^2
	a	m	b		
B	5	7	10	7.2	0.69
E	1	2	3	2	0.11
F	2	4	6	4	0.44
I	2	4.5	6	4.3	0.44

可算出

$$T = 7.2 + 2 + 4 + 4.3 = 17.5 \text{（天）}$$

$$\sigma^2 = 0.69 + 0.11 + 0.44 + 0.44 = 1.68$$

有 $\sigma = \sqrt{1.68} = 1.3$，如果预定工期为 16 天，即 $T_k = 16$，则有

$$\lambda = \frac{T_k - T}{\sigma} = \frac{16 - 17.5}{1.3} = -1.15$$

根据正态分布表，可知该项目在第 16 天完成的可能性为 12.5%。

如果要求 $p = 97.2\%$，由正态分布表可知 $\lambda = 2.1$，所以

$$T_k = T + \lambda\sigma = 17.5 + 2.1 \times 1.3 = 20.33 \text{（天）}$$

即工期应定为 21 天，才能保证完工的概率达到 97.2%。

7.5.6　网络的优化

网络计划的优化就是在满足既定的约束条件下，按某一目标，对网络计划不断进行检查、评价、调整和完善，以寻求最优网络计划方案的过程。得到初始的计划方案后通常还要进行调整与完善。根据计划目标，需要综合考虑资源和降低成本等目标，进行网络优化，确定最优的计划方案。

不同的优化目标有不同的优化方法，下面举几个例子说明优化的几种方法。

1. 把串联工作改为平行工作或交叉工作

为了缩短整个任务的完工工期，达到时间优化的目标，可以研究关键线路上串联的每一项工作有无可能改为平行工作或交叉进行的工作，以缩短工期。

2. 利用时差

由于网络图中的非关键线路工作都有时差，所以这些工作在开工时间和具体工时上都具有一定的弹性。为了缩短任务的总工期，可以考虑放慢非关键工作的

进度，减少这些工作的人力、资源，转去支援关键工作，使关键工作的工时缩短从而达到缩短工期的目的。

3. 资源的合理配置

1）资源一定，如何组织、安排和调配资源，从而保证项目按期完成。

2）资源不足时，如何协调内部资源和采取应急措施（如加班、雇工、增加设备、改进施工工艺），保证项目按期完成。

3）资源、时间和成本的整体调整与系统优化。

4. 时间-费用优化

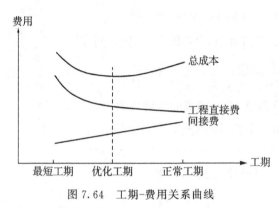

图 7.64　工期-费用关系曲线

研究如何使工程完工时间短、费用少。完成工程所需的费用分为直接费用与间接费用。直接费用包括工人工资及附加费，以及设备、资源、材料消耗等直接与完成工程有关的费用。缩短工序的作业时间，就相应增加一部分直接费用。在一定条件和范围内，工序的作业时间越短，直接费用越多，如图 7.64 所示。间接费用包括管理人员的工资、办公费用等。工序的作业时间越短，间接费用越少。

最低成本日程是使工程费用最低的工程完工时间。编制网络计划，无论是以降低费用为主要目标，还是以尽量缩短工程完工时间为主要目标，都要计算最低成本日程，从而提出了时间-费用的优化方案。

$$\text{缩短一天工期增加的直接费用} = \frac{\text{极限时间工序直接费用} - \text{正常时间工序直接费用}}{\text{正常时间} - \text{极限时间}}$$

极限时间是指最快完工时间。直接费用变动率越小，每缩短单位作业时间所增加的直接费用就越少。

思考与练习

1. 北京（Pe）、东京（T）、纽约（N）、墨西哥城（M）、伦敦（L）、巴黎（Pa）各城市之间的航线距离见表 7.6。

表 7.6　各城市之间的航线距离

六座城市	到各城市的航线距离/百公里					
	L	M	N	Pa	Pe	T
L	0	56	35	21	51	60
M	56	0	21	57	78	70
N	35	21	0	36	68	68
Pa	21	57	36	0	51	61
Pe	51	78	68	51	0	13
T	60	60	68	61	13	0

由上述交通网络的数据确定最小生成树。

2. 电信公司要在 15 个城市之间铺设光缆，这些城市的位置及相互之间铺设光缆的费用如图 7.65 所示。试求出一个连接 15 个城市的铺设方案，使得总费用最小。

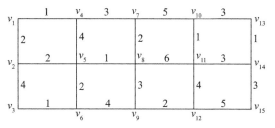

图 7.65　15 个城市之间铺设光缆的费用

3. 图 7.66 为某农场的水源地示意图，其中各图形表示水稻田，用堤埂分割为很多小块。为了灌溉，需要挖开一些堤埂。问：最少挖开多长的堤埂才能使水浇灌到每一小块稻田？

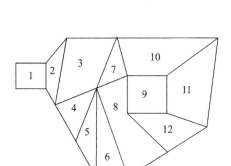

图 7.66　某农场的水源地示意图

4. 将某产品从仓库运往市场销售。已知各仓库的可供量、各市场需求量及从 i 仓库至 j 市场的运输能力，见表 7.7（表中数字 0 代表无路可通），试求从仓库可运往市场的最大供应量，以及各市场需求能否满足。

表 7.7　运输能力

仓库 i 及需求量	到市场 j 的运输能力/公里				可供量/t
	市场 1	市场 2	市场 3	市场 4	
仓库 A	30	10	0	40	20

续表

仓库 i 及需求量	到市场 j 的运输能力/公里				可供量/t
	市场 1	市场 2	市场 3	市场 4	
仓库 B	0	0	10	50	20
仓库 C	20	10	40	5	100
需求量/t	20	20	60	20	—

5. 某单位招收懂俄、英、日、德、法文的翻译各一人,有 5 人应聘。已知乙懂俄文,甲、乙、丙、丁懂英文,甲、丙、丁懂日文,乙、戊懂德文,戊懂法文,问:这 5 个人是否都能得到聘用?最多几人得到聘用?聘用后每人从事哪一方面的翻译工作?

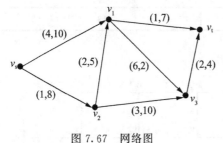

图 7.67　网络图

6. 求图 7.67 所示网络的最大流,弧旁数字为 $(c_{ij},\ u_{ij})$。

7. 根据表 7.8～表 7.11 的资料,画出其箭线式网络图。

表 7.8　工序资料（一）

工序	a	b	c	d	e	f	g	h
紧前工序	—	—	a、b	a、b	b	c	c	d、e、f

表 7.9　工序资料（二）

工序	a	b	c	d	e	f	g
紧后工序	b、c	d、e	e	f、g	f、g	—	—

表 7.10　工序资料（三）

工序	c	d	a	b	f	g	e	h
紧前工序	a	b	—	—	c、e、d	c	a	b

表 7.11　工序资料（四）

工序	a	b	e	g	d	c	f
紧前工序	—	a	b、c	e、d	b	a	e、d

8. 已知工序资料见表 7.12。

表 7.12　思考与练习 8 工序资料

工序	紧前工序	工时/天	工序	紧前工序	工时/天
A	—	2	E	A	7
B	—	3	F	B、E	6
H	D、F	8	C	—	4
D	A	5	G	B、C、E	6

要求：

(1) 绘制箭线式网络图。

(2) 求各事项的时间参数。

9. 已知工序资料见表 7.13。

表 7.13　思考与练习 9 工序资料

工序	紧前工序	工时/天	工序	紧前工序	工时/天
A	—	5	E	B、C	6
B	A	4	F	E	5
G	D、E	7	C	A	3
D	B	2	—	—	—

要求：

(1) 绘制其箭线式网络图。

(2) 求工序的时间参数 T_{ES}、T_{LS}。

(3) 求关键线路。

(4) 求工程完工工期。

10. 有一家仪表公司打算在它的 3 个营业区设立 4 家销售店，每个营业区至少设一家，所获利润见表 7.14。问：设立的 4 家销售店应如何分配，可使总利润最大？

表 7.14　利润表

销售店	各营业区利润/千元		
	A 区利润	B 区利润	C 区利润
1	200	210	180
2	280	220	230

销售店	各营业区利润/千元		
	A区利润	B区利润	C区利润
3	330	225	260
4	340	230	280

综合训练

1. 公司项目管理

华清信息技术有限公司是一家从事制造行业信息系统集成的公司，最近公司承接了一家企业的信息系统集成业务。经过公司董事会讨论，决定任命你为新系统集成项目的项目经理。你接到任务后，开始制订进度表，这样项目才可以依照进度表进行。在与项目团队成员探讨后，假设已经确认了 12 项基本活动。所有这些活动的名称、完成每项活动所需的时间及与其他活动之间的约束关系见表 7.15。你要花多长时间来计划这项工作？如果在任务 B 上迟滞了 10 天，对项目进度有何影响？作为项目经理，你将如何处理这个问题？

表 7.15　各活动之间的关系

活动名称	所需的时间/天	紧前任务	活动名称	所需的时间/天	紧前任务
A	3	—	G	2	D、E
B	4	—	H	4	D、E
C	2	A	I	3	G、F
D	5	A	J	3	G、F
E	4	B、C	K	3	H、I
F	6	B、C	L	4	H、J

2. 工程的完工概率

某项工程由 A、B、C、D、E、F、G、H、I 九道工序组成，各工序的顺序与完成时间估计值见表 7.16。

表 7.16   各工序完成时间估计值   单位：天

工序	紧前工序	最乐观时间	最可能时间	最悲观时间
A	—	3	6	15
B	A	2	5	14
C	A	6	12	30
D	A	2	5	8
E	B、C	8	11	17
F	D	3	6	15
G	B	3	9	27
H	E、F	1	4	7
I	G、H	4	19	28

请解决以下问题：

(1) 画出其网络图，并计算每个工序的时间期望值与方差。

(2) 总工期的期望值与方差是多少？

(3) 求总工期不迟于 40 天的概率。

(4) 如果要求完工概率至少为 95%，完工工期应为多少天？

3. 工程资源合理利用

某工程共有 12 道工序，各工序之间的相互关系及工时见表 7.17。

表 7.17   工序相关资料

工序	紧前工序	工时/天	工序	紧前工序	工时/天
A	无	12	G	C	4
B	无	8	H	F	10
D	A、B	7	F	D、E	5
C	A	16	K	H、I、J	16
E	C	24	J	F	12
I	F	4	L	G、K	23

请解决以下问题：

(1) 绘制其箭线式网络图。

(2) 求其关键线路、总工期及各工序的时差。

(3) 工序 E 拖延 3 天对整个工程有什么影响？为什么？

(4) 工序 D 拖延 35 天对整个工程有什么影响? 为什么?

(5) 为保证整个工程在最短时间内完成, 工序 F 最迟必须在哪一天开工?

(6) 为保证整个工程在最短时间内完成, 工序 K 最早必须在哪一天完工?

(7) 分析该工程有哪些工期优化措施。请给出一些优化建议。

4. 配送问题

华威纳公司是一个集产品生产和在零售渠道中销售产品于一体的公司。产品生产以后存放在公司的两个仓库里, 直到零售渠道需要供应为止。公司用卡车把产品从两个工厂运送到仓库, 然后把产品从仓库运送到零售渠道中。以满载数量为单位, 表 7.18 给出了每个工厂每个月的产出、从工厂运送到仓库的单位运输成本及每个月从工厂到仓库的运输能力。

表 7.18　工厂与仓库之间的运输成本及运输能力

工厂	到各仓库的单位运输成本/美元		到各仓库的运输能力/t		产出/t
	仓库 1	仓库 2	仓库 1	仓库 2	
工厂 1	425	560	125	150	200
工厂 2	510	600	175	200	300

对于每一个零售点, 表 7.19 给出了它的月需求、用卡车从仓库运输到零售点的成本及每个月可以从仓库运送到零售点的最大运输能力。

表 7.19　仓库与零售点之间的运输成本及运输能力

仓库及需求	到各零售点的单位运输成本/美元			到各零售点的运输能力/t		
	零售点 1	零售点 2	零售点 3	零售点 1	零售点 2	零售点 3
仓库 1	470	505	490	100	150	100
仓库 2	390	410	440	125	150	75
需求/t	150	200	150	—	—	—

管理者现在需要确定一个配送方案 (每个月从每个工厂运送到每个仓库及从每个仓库运送到每个零售渠道的满载车次数), 使得总运送成本最小。

(1) 画一个网络图, 描述该公司的配送网络。确定网络图中的供应点、转运点和需求点。

(2) 该配送网络中, 配送方案最经济的总运输成本是多少? 为其建立一个最小费用流问题的网络模型。

(3) 该配送网络中, 从工厂到零售渠道, 哪条线路最经济? 成本是多少?

5. 建立物流处理中心

现准备在 S_1、S_2、S_3、S_4、S_5、S_6、S_7 共七个居民点中选取一处设置一家物流处理中心，各居民点之间的距离如图 7.68 所示。问：该物流处理中心设在哪个居民点，可使最大的服务距离最小？〔提示：先假设在其中的一个居民点（如 S_1）设置物流处理中心，再计算其他居民点到该物流处理中心的最短距离，并判断这些最短距离中的最大值。然后假设在 S_2 设置物流处理中心，再计算其他居民点到该物流处理中心的最短距离，并判断这些最短距离中的最大值。以此类推。〕

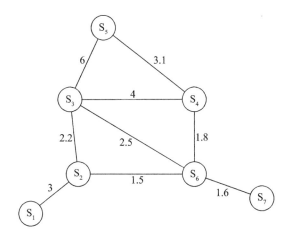

图 7.68 各居民点之间的距离

6. 施工安排

已知某施工工序安排，见表 7.20，网络进度计划原始方案中各工作的持续时间和估计费用见表 7.21。

表 7.20 施工工序安排

工作	紧前工作	工时/天	工作	紧前工作	工时/天
A	—	12	H	C、D	28
B	—	26	G	C、D	8
C	A	24	I	G、E	4
D	A、B	6	J	H、I	32
E	A、B	12	K	E、F、G	16
F	A、B	40	—	—	—

表 7.21　各工作持续时间和估计费用

工作	持续时间/天	费用/万元	工作	持续时间/天	费用/万元
A	12	19	G	8	16
B	26	39	H	28	36
C	24	25	I	4	10
D	6	15	J	32	63
E	12	40	K	16	16
F	40	118	—	—	—

（1）绘制箭线式网络图，求解各工序的时间参数，确定网络进度计划原始方案的关键线路，计算工期。

（2）若施工合同规定工程工期为 92 天，工期每提前一天奖励施工单位 3 万元，每延期一天对施工单位罚款 5 万元，计算按网络进度计划原始方案实施时的综合费用。

（3）若已知该网络进度计划各工作的可压缩时间及压缩单位时间增加的费用，见表 7.22，确定该网络进度计划的最低综合费用和相应的关键线路，并计算调整优化后的总工期（要求写出调整优化过程）。

表 7.22　各工作可压缩时间及增加的费用

工作	可压缩时间 /天	压缩单位时间增加的费用 /（万元/天）	工作	可压缩时间 /天	压缩单位时间增加的费用 /（万元/天）
A	2	2	G	1	2
B	2	4	H	2	1.5
C	2	3.5	I	0	/
D	0	/	J	2	6
E	1	2	K	2	2
F	5	2	—	—	—

参 考 文 献

[1] 韩伯棠.管理运筹学[M].4 版.北京:高等教育出版社,2015:42-100.

[2] 熊伟.运筹学[M].北京:机械工业出版社,2005:70-150.

[3] 运筹学教材编写组.运筹学(修订版)[M].北京:清华大学出版社,2004:117-230.

[4] 郝英奇.实用运筹学[M].北京:机械工业出版社,2016:80-95.

[5] 张杰.运筹学模型与实验[M].北京:中国电力出版社,2012:31-90.

[6] 程理民,张亚光.运筹学(Ⅰ)[M].北京:科学技术文献出版社,1988:60-100.

[7] 沈林兴,龚小军.运筹学基础自学考试指导[M].北京:清华大学出版社,2004:30-60.

[8] 全国自学考试辅导丛书编写组.运筹学基础[M].上海:东华大学出版社,2003:20-70.

[9] 薛声家,左小德.管理运筹学[M].3 版.广州:暨南大学出版社,2007:30-156.

[10] 蓝伯雄,程佳惠,陈秉正.管理运筹学(下)[M].北京:清华大学出版社,1997:78-113.

[11] 罗荣桂.运筹学习题详解与考研辅导[M].武汉:华中科技大学出版社,2008:34-98.

[12] 韩中庚.实用运筹学:模型、方法与计算[M].北京:清华大学出版社,2007:121-189.

[13] 胡列格,何其超,盛玉奎.物流运筹学[M].北京:电子工业出版社,2008:23-67.

[14] 吴祈宗.运筹学学习指导及习题集[M].北京:机械工业出版社,2006:34-78.

[15] 丁以中,Jennifer S. Shang.管理科学运用 Spreadsheet 建模和求解[M].北京:清华大学出版社,2003:20-178.

[16] 詹明清.运筹学习题选解与题型归纳[M].广州:中山大学出版社,2004:45-112.

[17] 程理民,吴江,张玉林.运筹学模型与方法教程[M].北京:清华大学出版社,2001:45-167.

[18] 郭耀煌.运筹学原理与方法[M].成都:西南交通大学出版社,1995:23-113.

[19] 施泉生.运筹学[M].北京:中国电力出版社,2004.

[20] 戴维·R.安德森,丹尼斯·J.威廉斯,基普·马丁.数据、模型与决策[M].北京:机械工业出版社,2009:78-167.

[21] 胡运权.运筹学习题集[M].5 版.北京:清华大学出版社,2019:35-123.

[22] 叶向.实用运筹学:运用 Excel 2010 建模和求解[M].北京:中国人民大学出版社,2007:21-190.

[23] 叶向.实用运筹学上机实验指导与解题指导[M].北京:中国人民大学出版社,2007:23-212.

[24] 刘满凤.运筹学模型与方法教程例题分析与题解[M].北京:清华大学出版社,2001:

77-167.

[25] 邢光军,孙建敏,巩永华.实用运筹学:案例、方法及应用[M].北京:人民邮电出版社,2015:34-78.

[26] 韩大卫.MBA管理运筹学[M].大连:大连理工大学出版社,2006:15-89.

[27] 胡运权,郭耀煌.运筹学教程[M].北京:清华大学出版社,2001:24-145.

[28] 梅述恩.运筹学解题方法技巧归纳:名校考研真题解析[M].武汉:华中科技大学出版社,2021:33-67.

[29] 钟彼德.管理科学(运筹学)战略角度的审视[M].北京:机械工业出版社,2000:120-200.